智能媒体交互系列教程

王建民　主编

虚拟现实影像
研究与实践

赵 起　编著

同济大学 出版社
TONGJI UNIVERSITY PRESS
·上海·

图书在版编目（CIP）数据

虚拟现实影像研究与实践 / 赵起编著. — 上海：
同济大学出版社，2024.7.—（智能媒体交互系列教程 /
王建民主编）.—ISBN 978-7-5765-1199-4

Ⅰ. TP391.98

中国国家版本馆 CIP 数据核字第2024264S9C 号

虚拟现实影像研究与实践

Xuni Xianshi Yingxiang Yanjiu Yu Shijian

赵 起 编著

策划编辑 张 睿	**责任编辑** 尚来彬	**责任校对** 徐春莲
封面设计 蔡 涛	**封面执行** 张 微	

出版发行　同济大学出版社　www.tongjipress.com.cn
　　　　　（地址：上海市四平路1239号　邮编：200092　电话：021-65985622）
经　　销　全国新华书店
排　　版　上海三联读者服务合作公司
印　　刷　江苏凤凰数码印务有限公司
开　　本　787mm×1092mm　1/16
印　　张　8.75
字　　数　181 000
版　　次　2024年7月第1版
印　　次　2024年7月第1次印刷
书　　号　ISBN 978-7-5765-1199-4

定　　价　48.00元

智能媒体交互系列教程
编 委 会

总序

人工智能赋能人才培养是同济大学全面数智化的核心环节，推进人工智能赋能人才培养应准确把握人工智能时代的新趋势、新使命。

同济大学艺术与传媒学院，一直聚焦于"全媒体和大艺术"，注重"以美育人，以文化人"，致力于培养具有新理念、新视野、新技能的艺术与传媒领域社会栋梁和专业精英。同济大学艺术与传媒学院作为上海市委宣传部部校共建新闻传播学院（2018—2021，2022—2025），获批中国科学技术协会办公厅等部门组织的2021年度学风传承示范基地，为教育部高校学生司首批供需对接就业育人项目获批单位（2022）；2022年获文化和旅游部中国文化艺术政府奖第四届动漫奖"最佳动漫教育机构"奖；2019年获批上海市高校课程思政领航学院，入选同济大学首批"三全育人"综合改革试点学院。动画专业（2020）、广播电视编导专业（2021）成为国家一流本科专业建设点，动画专业2022年入列软科Ａ＋专业，排名第四。

2011年前后，时任同济大学传播与艺术学院院长王荔教授致力于在学院构建教育部数字媒体艺术人才培养模式创新实验区，在教育部特色专业——动画专业建设过程中，出版了"中国高校动画专业系列教材"，为同济大学动画专业发展奠定了扎实的基础。时光飞逝、岁月如梭，同济大学艺术与传媒学院动画专业逐步形成以动画内涵为基础、以智能媒体交互为特色的专业建设格局，形成了从智能媒体交互（微专业），到本科动画专业（含第二学位专业），到设计学、MFA（艺术设计）等学术和专业硕士及设计学（新媒体艺术）博士培养方向的全链条专业体系，动画专业在人才培养、艺术创作、学术研究、服务社会等领域都得到了长足的发展。

以学院动画专业教师为核心，在学院各专业教师的联动支持下，经过专业论证、学院批准，"智能媒体交互系列教程"逐步规划形成。该系列教程的出版是同济大学艺术与传媒学院在同济大学人工智能赋能专业建设上的重要举措，也是学院全面增强动画、数字媒体领域的专业和课程建设，积极融入同济大学人工智能发展元素，面向行业应用领域重要方向、面向国家重点发展领域及新兴方向的重要建设举措。

"智能媒体交互系列教程"的编纂，目前全部由同济大学艺术与传媒学院在任教师完成，是学院在媒体、艺术和设计相关课程教学中的知识沉淀，也是学院对于人工智能融入专业建设进行思考后的重要举措。"智能媒体交互系列教程"的出版得到了同济大学与上海市委宣传部部校共建暨院媒合作项目的支持，以及中国电子视像行业协会智能交互技术工作委员会的技术指导。

　　由于时间仓促，"智能媒体交互系列教程"还受学院目前的人才团队、发展现状的限制，不足之处，请各高校师生、学者及媒体设计从业人员给予意见和建议。

教授

同济大学艺术与传媒学院副院长

中国电子视像行业协会智能交互技术工作委员会主任

2024 年 7 月

前言

　　本书是一本针对虚拟现实（Virtual Reality，VR）影像的演变、基本原理、软硬件设备、体验方式，以及相关理论研究和制作实践方法从综合性入门到进阶的教学指导读物。编写目的是支持虚拟现实影像的基础性课程教学。本书的结构编排和内容板块涉及一些理论探索和思路，以及虚拟现实影像实践的内容，也有不少案例、作品供参考，可以帮助学习者较快地建立起基本认知和实践方法。以此形式写作的书籍，在目前的市场上并不多见。本书是笔者在该领域多年教学、实践的总结。

　　本书第一章，第一、二节对虚拟现实技术的发展进行了基本介绍，对虚拟现实基本特征进行了描述。第三节指出在虚拟现实影像领域有哪些值得关注的研究点。这样，读者从一开始对于虚拟现实影像异于传统影像的独特之处及可以探索的重点就有了初步认识，可以从一个全局的视角来审视这个领域。

　　第二章，第一节从内容和形式角度，分类梳理了虚拟现实影像的具体应用类型，这些应用类型关联了不同的叙事类型。这个部分其实是让读者了解虚拟现实影像具体实现的丰富可能性和基本应用价值。第二节介绍了几乎各种类型的虚拟现实设备及使用方法、体验方式和基本原理，读者由此可以比较系统地获得对于设备差异性、应用效果的理解。第三节则对若干个不同类型的具体虚拟现实影像作品案例进行简析，这一部分在教学中会安排学生佩戴VR头显设备进行各种类型虚拟现实影像作品的体验，可以说是整合了这三个小节所涉及的内容。

　　第三章，开始转向虚拟现实影像的理论研究层面，主要是对虚拟现实影像感知觉研究进行阐述，这也是一个较为初步的理论引领。主要涉及影像银幕观念的发展和虚拟现实影像超越传统影像边界所带来的一系列认知，以及虚拟现实影像中的多感官信息综合传达问题，实际是讨论虚拟现实影像语汇相对于传统影像语汇的转变和差异。此外，本章进一步对VR影像知觉信息的处理与还原的机制进行讨论。通过学习本章内容，读者可以开始对虚拟现实影像有一个理论层面的接触，为未来进行更有深度的理论探索奠定基础。

　　第四章，是探讨虚拟现实影像心理学机制和体验达成的理论性板块。这个部分涉及虚拟现实影像关联的心理学问题，设置这个章节的目的是让学习者将来能从体验感和以体验感为设计目的的虚拟现实产品角度去进行创作，需要较深入地理解虚拟现实影像的心理机制和体验问题。包括虚拟现实影像的注意力聚焦引导实现沉浸感的问题、体验者角色化身和代入心理的问题、虚拟现实影像中的共情和情感传递问题。通过本章的学习，读者可以更深入地理解虚拟现实影像的实现原则和以体验者为导向的理念，同时也为创作构思进行理论准备。

第五章和第六章，是作为虚拟现实影像具体实践环节的引导，涉及两种构建模式的虚拟现实影像：一种是基于全景技术的虚拟现实影像（无深度），一种是通过三维交互技术生成的具有深度且体验者可以进行空间位移的虚拟现实影像。这两种模式的虚拟现实影像在原理、制作工具和流程、复杂性、体验效果上都有较大的区别，也有不同的应用领域和产品。通过本章内容的学习，读者可以较为完整地了解虚拟现实影像制作的基本流程和方式，配合实践工具（拍摄设备和相关软件）制作自己的虚拟现实影像作品。这两章也是对之前章节学习的实践反馈，可以体现学习者对于虚拟现实影像的理解程度和应用转化能力，也提供了实现其影像思维和创意能力的途径，可以让人体会到虚拟现实影像是真正可以"实现"的，而不是让虚拟现实影像的学习仅仅停留在概念理解、理论表层。

希望通过对本书的学习可以帮助广大虚拟现实影像的关注者、探索者、实践者获得较为全面的启发。本书得到同济大学研究生院教材建设项目支持，在此特表感谢。

赵 起

2024年3月

目录

1

第一章　虚拟现实综述

本书第一章作为引导读者进入虚拟现实（VR）影像世界的引子，聚焦于VR技术的发展历史、核心技术特征及其在影像创作领域的关键研究点，为读者提供了关于VR影像研究和实践的全面知识储备并使读者奠定理论基础。

通过梳理虚拟现实从概念的提出到技术成熟的展示，探寻这一技术如何跨越多个学科领域，成为当今最引人瞩目的技术之一。本章不仅回顾了虚拟现实技术的历史脉络，还深入分析了其提供沉浸式体验的核心机制，包括沉浸感、交互性和构想性，这些特性也是虚拟现实与传统媒介的根本区别。

通过对虚拟现实技术的细致剖析，本章强调了虚拟现实在现代社会中的双重角色：既是一种先进的技术产品，也是一种全新的艺术形式和传播媒介。这种双重性不仅体现在技术的发展和应用上，还体现在它如何影响和重塑人们的认知、情感和社会互动方式。虚拟现实技术的发展不仅是计算机科学和工程技术的胜利，也是人类想象力和创造力的体现，它为艺术家、设计师和教育工作者等提供了一个无限的可能性空间，用于探索新的表达形式和创新的交互体验。

同时，本章还指出了虚拟现实技术面临的挑战和机遇，特别是在影像叙事、叙事结构、时间和空间的处理、角色调度及观众的认同机制等方面。这些讨论不仅为理论研究提供了新的视角和研究方向，也为实践者提供了创作和应用虚拟现实技术的重要参考。通过深入探讨虚拟现实技术的多维特性，本章为读者揭示了虚拟现实作为一种新兴媒介的复杂性和丰富性，强调了在设计和应用虚拟现实体验时需要考虑的关键因素。

总而言之，第一章为读者建立了一个对于虚拟现实技术的基本认知，为后续章节深入探讨虚拟现实在不同领域中的应用、影响及其未来发展趋势提供了必要的知识。VR影像作为一种高新技术媒介下的产物，目前在产学界都还处于一个持续摸索的阶段，因此相比直接给出明确的结论，本书更多的是引导读者通过基本知识的阐述与案例列举，对虚拟现实技术及其影像进行独具创造性的思考和尝试。

第一节　虚拟现实技术的发展历程

虚拟现实一词是由其英文词源Virtual Reality翻译而来，最早于20世纪80年代末由美国VPL公司创建人杰伦·拉尼尔（Jaron Lanier）提出，国外也有人称之为Virtual Environment。Virtual意为虚拟、虚假，Reality则持相反之意，意为真实、现实，二者相合即为虚拟现实，国内也有人根据其含义译为"灵境""幻真""临境"，不论国内外的叫法如何，都暗含虚拟现实是由人工创作、计算机生成之意味。

虚拟现实技术依托于整个计算机技术的进步发展，其发展历程可以分成六个阶段。

一、20世纪50年代以前

虚拟现实的概念并非直到20世纪40年代第一台通用计算机"ENIAC"的诞生才出现，人们对它的构想在更久远之前的文学中便可觅得踪迹，哲学家柏拉图在其《理想国》第七卷中设想了一种"洞穴"囚徒的情境，便颇具虚拟现实的意味。在阿道司·赫胥黎（Aldous Leonard Huxley）1932年的代表作《美丽新世界》（Brave New World）中，刻画了一幅26世纪的时代图景。在这部作品中，提及了一种头戴式电影放映设备，能够提供视觉、听觉乃至嗅觉的观影体验，使得观者能够深度沉浸其中。

而在1935年，美国科幻小说家斯坦利·温鲍姆（Stanley Grauman Weinbaum）在《皮格马利翁的眼镜》（Pygmalion's Spectacles）一书中，开篇便提出了一个问题："什么才是现实？所有的都是梦，都是幻想；我是你的幻象，正如你是我的。"在这部作品中，作家通过精灵族教授阿尔伯特·路德维希（Albert Ludwig）的手"发明"了一种电影眼镜，戴上这种眼镜就能进入一个全新的电影世界。

除了思想家、文学家在文字的世界中提出过有关虚拟现实的幻想，1929年美国发明家艾德温·阿尔伯特·林克（Edwin Albert Link）为了降低学习飞行的费用，推出了名为"蓝盒子"的飞行模拟器，训练了近50万名空军士兵，这是模拟物理现实与人机互动的成功尝试，成为如今VR设备的先驱。

二、20世纪50—80年代

进入20世纪50年代，虚拟现实技术迎来了第一次的探索高潮，进入了原型机阶段。1956年在全景电影技术的启发下，美国电影摄影师莫顿·海里格（Morton Heilig）开发了一个多通道体验的显示系统并取名Sensorama，这台巨大的电影放映机可以提供宽视角的立体三维影像、身体运动装置及立体声，在电影放映过程中，甚至可以触发气流与气味的释放。这个能够提供视、听、触、嗅、体感的设计理念在如今看来依旧毫不过时（图1-1）。

 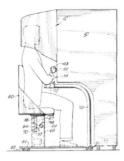 

图1-1 多通道体验电影放映机Sensorama
资料来源: https://en.wikipedia.org/wiki/Sensorama,
https://intelligentheritage.wordpress.com/2011/
09/22/sensorama/.

图1-2 虚拟现实的鼻祖"达摩克利斯之剑"
资料来源: https://www.researchgate.net/publication/
356638451.

1968年，计算机图形学之父、美国科学家伊凡·爱德华·苏泽兰（Ivan Edward Sutherland）与学生鲍勃·斯普劳尔（Bob Sproull）研制出了世界第一部虚拟现实头戴式显示器（Head Mounted Display，HMD），成功实现了头部运动跟踪，但由于设备整体过于笨重，唯有悬吊于天花板之上才能被使用，因而被戏称为"达摩克利斯之剑"（The Sword of Damocles）（图1-2）。由于当时计算机低下的图形处理能力，"达摩克利斯之剑"所显示的虚拟环境仅仅为线框式的房间结构，但却是苏泽兰的论文《终极显示》（*The Ultimate Display*）的实践雏形，这略显原始的实验，其意义无疑是里程碑式的，拉开了虚拟现实技术进入市场应用阶段的帷幕。

三、20世纪80—90年代

随着苏泽兰实验的成功及计算机技术和网络技术的飞速发展，虚拟现实也进入了技术加速积累且市场应用大迈进的时期。由于这时的虚拟现实系统造价过于高昂，主要应用于军事和航天领域。民用市场中则有拉尼尔创办的VPL Research公司推出的Data Glove、Eye Phone、Data Suit等民用级产品引人注目，其中Data Suit是一款能够测量手部、腿部和躯干运动的全身性设备，其设计理念之超前，令人惊叹。

四、20世纪90年代—21世纪00年代

1992年，美国Sense8公司开发出了虚拟环境应用程序包WTK（World Tool Kit），该工具具有优良的二次开发性和移植性，从而大幅缩短了VR系统的开发周期。1994年，美国工程师马克·佩谢（Mark Pesce）率领托尼·帕里西（Tony Parisi）与加文·贝尔（Gavin Bell），组建了VRML Architecture Group。VRML是Virtual Reality Modeling Language（虚拟现实建模语言）的缩写，它可以于互联网中创造三维环境，并允许用户

通过网页浏览器进行访问。VRML陆续推出升级版本，实现了网络环境下虚拟世界的显示与交互功能。

在商业化领域，游戏开发商成为布局VR技术的先行者。1993年，世嘉公司（SEGA）推出了带有LED荧幕和立体声耳机的SEGA VR头盔，具备头部跟踪和反馈功能，但由于技术限制无法消除头痛眩晕等体验问题，并未真正进入消费市场。两年后，任天堂（Nintendo）推出的Virtual Boy是民众可以接触到的第一部能够显示立体三维图形的游戏装置，虽然只能提供单一红色的游戏画面，但通过视差效果营造出了立体感。但由于便携性较差、清晰和流畅度低且售价过高，Virtual Boy也未获得太好的市场反馈。

这一时期虽然商业领域中还没有成功的VR产品出现，但几款产品的尝试开始让民众对VR技术有了相对感性的认知，不再认为VR产品只应用于专业领域，为VR产品及技术的后续发展奠定了基础。

五、21世纪00—10年代

21世纪的最初十年，被称为VR冬季。一方面，VR技术未能产生革新性的突破；另一方面，以智能手机为代表的移动终端异军突起，迅速得到了研究与市场的关注。VR技术失去了主流媒体的关注，淡出公众视野，但其技术的深度拓展并未停止，它在军事、制造和医疗等领域的应用亦不断深入。这一时期大视场角的研发成为VR技术的热点，出现了像Wide5这类支持视角达150°的头显装置。

六、21世纪10年代—现今

随着计算机技术越发进步和轻量化，VR技术重新上路，在技术和设计等方面实现了巨大突破。索尼公司（Sony）于2012年推出的HMZ-T1首先解决了以往头显装置过于笨重的问题，虽然从严格意义上说其只能算是"3D观影器"，缺乏人机互动的功能，但其设计理念堪称现代VR眼镜的雏形。

这一时期，真正对VR设备作出重大革新并将其带回公众视野的是Oculus。Oculus的创始人，帕尔默·弗里曼·拉奇（Palmer Freeman Luckey）是一位富有"极客（Geek）精神"的发明家，其研发VR设备的初衷是苦于自己玩游戏时市场上并无一套称心的产品。他于2009年在车库内开始试验，着力开发具备超大视场角、低延时、立体视像、无线传输等功能的VR设备并经过几次迭代和众筹，2016年他的第七代产品Rift成功问世（图1-3）。通过技术的革新和迭代，Rift是第一个售价降至消费级的VR产品，具备每眼显示器分辨率为1 080×1 200，运行速度为90Hz，360°定位追踪，集成音频，大幅增加了定位追踪范围，并且高度关注消费者人体工程学和美学，解决了过去VR产品笨重、影像模糊、刷新率低、容易晕眩等问题。Oculus的成功吸引了现Meta公司创始人

图1-3 具有里程碑意义的VR头显设备 Oculus Rift
资料来源: https://en.wikipedia.org/wiki/Oculus_Rift.

图1-4 纸板制成的手机VR眼镜 Google Cardboard
资料来源: 影雪.Google宣布开源Cardboard VR指手机VR已无可再开发的功能[OL]. (2019-11-07) [2024-03-19].https://unwire.hk/2019/11/07/google-cardboard-vr/software/android-app/.

扎克伯格（Marc Zuckerberg）的注意，Oculus被Meta收购，成为其搭建元宇宙的基石。

2016年公众对于VR的认知度与渴求度达到了历史顶点，这与国内外厂商的全力布局、硬件的普及化是密不可分的，2016年亦被称为"VR的硬件元年"。在2016年大致确定的硬件框架中，现有的民用VR设备主要以三种形态出现。

（一）手机VR眼镜

手机VR眼镜亦称手机盒子，其原理是使用一个光学透镜将智能手机荧幕分割成两部分，使得每只眼镜只能看到荧幕的一小部分，从而创建立体视觉效果，并利用手机的陀螺仪检测使用者的头部运动，调整手机显示内容，使用户能够感觉身处虚拟环境并与之互动。手机盒子通常采用简单的构造如硬纸板或塑料制成，主要目的是将用户的智能手机安装在包含透镜的盒子中的适当位置，其本身并不是多么复杂精密的设备。其中较有代表性的产品有 Google Cardboard（图1-4）。

显而易见，手机VR眼镜实际是由智能手机进行驱动的，其在图像质量、追踪精度、舒适性和交互性上都无法与专业的VR头显设备竞争，不过作为VR新手的初次体验，它还是一个价格实惠的不错选择。

（二）外接式VR头戴设备

外接式VR头戴设备的代表产品是Oculus Rift和HTC VIVE。这类头显装置需要与电脑或游戏主机等外部设备进行连接，并借助这些外部设备的高性能计算能力与图形处理能力，显示高质量的画面和复杂的交互功能。在三种形态中，外接式VR设备无疑能够支撑最精彩的内容呈现。其不足是受制于数据线的束缚，移动性和便携性较低，只能在固定的场所中使用，且构造复杂，售价通常较高，是企业用户或专业玩家的选择。

图1-5　苹果2023推出的一体式头显设备Vision Pro
资料来源: MacRumors Staff. Apple Vision Pro, Apple's first spatial computrer, available now in the U.S[OL]. [2024-03-15].https://www.macrumors.com/roundup/apple-vision-pro/.

（三）一体式VR头戴设备

一体式设备旨在解决外接式设备移动性低的问题，其将计算处理单元内置于头显装置中，因此不需要连接外部设备而自成一体。不过由于头显本身的内部空间有限并且考虑到使用者要将其佩戴在头上而需要做到轻量化，内置的计算单元规模无法和专业电脑主机与游戏机相比，因此计算和图形处理性能通常也较外接式设备差，只能够运行不需要大量计算的内容。代表性的产品有Pico 4和Apple Vision Pro（图1-5）。随着芯片技术的进步，一体式头戴设备的性能也越来越强，用户能够使用其体验更高质量的内容。

从最初人们的幻想到科技实现，虚拟现实技术发展到今天已经结合了数字图像处理、计算机图形学、多媒体技术、计算机仿真技术、传感器技术、显示技术和网络并行处理等多领域技术，是一种由计算机生成的高技术模拟系统。而技术上的变革势必带来其应用场景和内容创作上的创新，而要将新技术投入具体目的的使用中，需要先了解其所具有的特性，并与探索其潜能相结合。

第二节　虚拟现实的特征概述

虚拟现实技术发展至今，其核心框架与技术特征已渐趋成熟。作为一个系统性的跨学科技术，虚拟现实技术是计算机图形技术、显示技术、传感技术、仿真技术、网络技术等诸多技术的综合体，其核心在于建模、仿真与反馈控制。通过作用于视觉、听觉、触觉、嗅觉等多元感知，令用户置身于虚拟环境（Virtual Environment，VE）中，并通过动作捕捉与反馈，进一步令用户与虚拟环境产生交互。

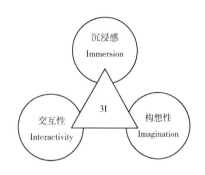

图1-6　虚拟现实的3I特性

格里戈尔·布尔代亚（Grigore Burdea）和菲利普·科菲（Philippe Coiffet）在著作《虚拟现实技术》（*Virtual Reality Technology*）一书中指出，虚拟现实具有三个最突出的特征：沉浸感（Immersion）、交互性（Interactivity）和构想性（Imagination），这也是人们熟知的VR的3I特性（图1-6）[1]。

一、沉浸感

沉浸感又称临场感，是虚拟现实最重要的技术特征，指用户借助交互设备和自身感知觉系统，置身于虚拟环境中的真实程度。维基百科中如此定义VR的沉浸感："沉浸到虚拟现实（VR）中意味着感知自己身处一个非物理世界中。这种感知是通过将VR系统的用户置身于提供引人入胜的整体环境的图像、声音或其他刺激中而产生的。"[2]而要欺骗我们的大脑，使它以为我们处于一个虚拟构建的"真实世界"中需要做到两个基本点：真实可信的模拟（Believable stimuli）和阻断干扰性刺激（Absence of disruptive stimuli）[3]。

真实可信的模拟指用户使用VR设备对所看、所听、所感的影像等至少都具有一定的真实性。计算机科学家乔纳森·斯图尔特将其分为两个组成部分：信息深度（Depth of information）和信息广度（Breadth of information），信息深度包括显示单元的

1　BURDEA, GRIGORE, PHILIPPE C. Virtual Reality Technology[M]. 2nd ed. New Jersey：Wiley, 2017.

2　Wikipedia.Immersion（virtual reality）[EB/OL].（2024-01-15）. https：//en.wikipedia.org/wiki/Immersion_(virtual_reality).

3　PATRICK R. What is Immersion? The Experience of Virtual Reality - VR 101: Part 1[EB/OL].（2023-03-13）.https://blog.vive.com/us/vr-101-part-i-immersion-in-virtual-reality/.

分辨率、图形质量、音视频效果等，信息广度则指感官维度的数量[4]。比如：我们希望用户感觉自己处在热带雨林中，如果用户看到的土壤地面是模糊不清的，听到的鸟叫声是带有明显杂音的，那么他们很快就会意识到这是一个虚假的世界，根本不会沉浸其中。相反，如果树木的材质足够清晰、光线从天空洒下穿过树叶形成正确的阴影、依稀可以听到猴子在树上穿梭的声音，那么即使理性上体验者清楚自己处于一个虚构的世界，但感官上带来的强烈真实感将会欺骗他的大脑，使其渐渐沉浸于这个世界中。虚拟现实产业在20世纪90年代发展之初的挫败，很大一部分的原因就是"观众的不接纳不认可"，观众不认可其通过VR设备体验的虚拟场景是"真实"的，受限于当时的技术条件，VR设备无法构建出足够具有"欺骗性"的虚拟世界，一眼假的粗糙画面和无法流畅运行的低帧数让体验者难以获得足够的沉浸感，这些问题一直到最近十几年才得到较好的解决。

除了基本的视觉和听觉，在现实世界中人们还通过嘴巴、鼻子、皮肤等器官来实现感知。所以，在虚拟现实技术的理想（最终）状态下，其应该具有提供体验者一切感官通道上的体验功能。即虚拟的沉浸感不仅只通过人的视觉和听觉感知产生，还可以通过嗅觉和触觉更多维地去进行营造。

而为了在人的各感官通道上营造足够"真实"、具有沉浸感的体验，研究者对虚拟现实设备也提出了更高的要求。例如：VR头显需要具备足够高的分辨率、刷新率，并提供具有双目视差、能够覆盖人眼整个视场的立体图像；听觉设备能够模仿具有方位性的立体声；触觉设备能够让用户体验抓、握等操作的感觉，感觉到温度，提供力反馈，让用户感受到力的大小、方向等。多感官的体验能够拓展体验者所接收到的信息广度，增强模拟的真实可信性，增强沉浸感。

阻断干扰性刺激，指阻断隔绝任何体验者周遭可能影响并破坏其沉浸感的元素。继续以前面的虚拟热带雨林为例。试想当雨林正处于夜晚，唯一的光源是天上投下的月光和体验者面前的虚拟篝火，这时，现实世界中的某盏灯被点亮，光线进入体验者的视线中，并且耳边传来马路上汽车的鸣笛声，这些元素就好像在电影院观影时突然有人把影厅的灯给打开并且将放映机给关了，体验者瞬间被无情地从虚拟世界中拉回现实。这也是为什么VR能够提供相较于传统镜框式影像更高的沉浸感，用户的视线被VR头显完全包覆从而隔断外界的视觉干扰，带有音乐播放装置的头显设备也能将现实中的各种声音隔绝，视听觉上可能破坏用户沉浸感的元素都被隔绝，使用户得以专注于VR内容的呈现。

---

4 Virtual Reality Society. Virtual Reality Immersion[OL]. https://www.vrs.org.uk/virtual-reality/
   immersion.html.

二、交互性

交互性是指用户通过使用专门的输入和输出设备，用人类的自然感知从虚拟环境内物体获得的可操作程度和从环境得到反馈的自然程度[5]。

在谈到交互性的问题时，我们首先想到的是，交互性是否是虚拟现实技术的必然属性呢？虚拟现实技术目前应用于各个领域的创作中，在虚拟现实游戏中，交互性当然是必要存在的，因为游戏的本质就是交互，然而如果我们将虚拟现实技术的应用限定在影像创作中，可以发现目前在VR影像创作中，交互显现出两种类型。诸如《山村幼儿园》（讲述边境附近的留守儿童）、《盲界》（讲述西藏视力障碍儿童）这类虚拟现实实景影片基本没有交互性，这是因为实景影片受限于拍摄工具和方法，这类影像的特点则主要在于由临场感带来的较之传统影像更深的内心触动。而另一类影片像是Oculus旗下Oculus Story Studio创作的VR短片 Lost 和 Henry，则提供体验者一定的交互性，这是创作人员的精心安排，为的是保持观众与影片的联系，防止斯维兹效应（Swayze Effect）的出现[6]。

斯维兹效应源于经典电影《人鬼情未了》主人公帕特里克·斯维兹的经历：身处世界却无法对世界造成实在的影响，如同被遗忘的幽灵般四处飘荡，呼喊却无人也无物回应。目前的虚拟现实实景影像就存在这样一种效应，当观众由感官沉浸进入情感沉浸的层面时，会希望能够对眼前的人物和物件施加影响，这是人类的本能，也可以说是VR沉浸感的成功体现。相较于传统镜框式影像，镜框的存在及暗场效果，观众在欣赏影像时很自然地将自己置于一个旁观者的身份进行"偷窥"，如果影像中的人物长时间地"注视"观众，观众反而会产生不适感并希望逃离。而在VR体验中却相反，观众希望感受到自己的在场，希望内容中的角色注意到自己的存在，可以说在VR影像体验中"观众对于虚拟世界的接纳认可"与"虚拟世界对于观众的接纳认可"相辅相成，缺一不可[7]。由此我们可以说，交互性的存在对于虚拟现实技术或许不是必要的，但其与沉浸感的产生紧密相关，传统的戏剧、电影都存在"第四面墙"，虚拟现实正在破除这"第四面墙"，或许随着实景拍摄技术的进步，在虚拟现实实景影片中，交互性的存在也会成为一种常态。

虚拟现实中的交互实现也和一般机器的交互不同，虚拟现实系统强调人与虚拟世界之间以近乎自然的方式进行交互，即用户不仅通过传统设备（键盘和鼠标等）和传感设备（特殊头盔、数据手套等），还使用自身的语言、身体的运动等自然技能对虚拟环境中的对象进行操作，同时计算机能够根据用户的头、手、眼、语言及身体的运动

5　刘光然.虚拟现实技术[M].北京：清华大学出版社，2011.
6　孙双珺.VR影像艺术研究[D].南京：南京艺术学院，2017.
7　孙双珺.VR影像艺术研究[D].南京：南京艺术学院，2017.

图1-7　万象跑步机让使用者可以在VR环境中行走奔跑

资料来源：https://vizzion.ru/catalogs/vr-attrakcioni/begovaja-dorozhka-kat-walk-c2/.

来调整显示的虚拟内容。

　　因为VR本身的沉浸性及追求真实的特点，我们可以很容易地想象在VR环境中还要使用键盘和鼠标进行操作会有多违反直觉并破坏体验感，既然VR旨在提供体验者无比接近现实的感官体验，那么在交互上追求自然直观也有其必要性，我们希望可以直接将现实世界中的知识和交互方式用在虚拟世界中。由VPL在20世纪80年代创造的Data Suit是早期对VR自然交互的一次探索。目前市面上应用在VR交互中的硬件技术大致有动作捕捉、触觉反馈、研究追踪、肌电模拟、手势跟踪、语音交互，也有像是万象跑步机（图1-7）这种大幅优化使用者自然交互性的设备逐渐投入生产应用。各类技术的使用赋予了虚拟现实技术多样的交互性。

三、构想性

　　构想性又称创造性，是虚拟世界的起点。想象力使设计者构思和设计虚拟世界，并体现出设计者的创造思想[8]。所以，虚拟现实系统是设计者借助虚拟现实技术，发挥其想象力和创造性而设计的。有些学者称虚拟现实为放大或夸大人们心灵的工具，或人工现实（Artificial Reality）即虚拟现实的想象性。

　　创作者对于虚拟现实的构想性和其他技术媒介的发展一样，也经过几个阶段的转变。"初期的电影人不是艺术家，而是一些搞修修补补小玩意儿的匠人……他们的目

10　8　刘光然.虚拟现实技术[M].北京：清华大学出版社，2011.

标不是创造美，而是展示科学奇观。"[9]在技术文化的初始阶段，技术的优势占据主导地位，甚至可以说技术本身就构成了内容，而情节和人物则扮演了次要角色。《爵士歌手》（*The Jazz Singer*，1927）和爱迪生的首部电影《爱迪生的喷嚏》（*Edison Kinetoscopic Record of a Sneeze*，1894）展现了这种技术的运用，将技术表演视觉化，从而形成了所谓的技术杂耍影像。这标志着技术演化的初期阶段，被称为"游戏期"。虚拟现实技术的早期影像作品大多没有深层的内涵，主要为体验者提供娱乐性的体验，诞生了许多像VR过山车、VR恐怖片之类的作品，该阶段创作者对于虚拟技术的构想尚且停留在一个技术奇观的表层阶段。

技术演化的第二个阶段是"作为现实的镜子"。新技术在杂耍阶段之后开始对现实进行"重述"，作为现实的镜像存在，观众将"怀疑悬置"，复写的现实内容从技术奇观中显现出来，成为观众新的焦点，例如虚拟现实实景纪录片《山村幼儿园》《盲界》和一些虚拟新闻影像等正处于这样一种略带自然主义的"摹写"阶段，导演对相机摄取事件的主观倾向不明，更多的是记录而非纪录。在这个阶段，虚拟现实技术的构想性依旧还没有得到很好的发挥，创作者还处于一个对工具的熟悉掌握和使用其摹写真实世界的阶段。

技术的第三个阶段是"作为艺术的接生婆"。新技术能否重塑现实而非仅仅重述现实，出现具有审美价值的作品，有赖于创作者对于新技术的把握和实践，有赖于对受众心理与观看习惯的研究和分析[10]。技术发展的三个阶段并非后者形态替代前者形态，而是可能出现共存的情况，能否共存取决于媒介的性质。保罗·莱文森（Paul Levinson）指出："许多技术过于适合第二阶段镜子的任务，根本无力完成从镜子阶段到艺术阶段的飞跃。"[11]

我们如今讨论虚拟现实时，是将其作为一种娱乐的玩具，还是作为现实的镜子，或是作为探索不同可能的艺术作品，虚拟现实技术高度融合了影像和游戏的特性，较之传统媒介无疑拥有巨大的潜力。从当前VR的内容来看，虚拟现实技术可能同时以游戏—镜子—艺术三种形态服务于不同的受众，再加上其沉浸性和交互性的特征，虚拟现实技术的构想性潜能之大或许是过去的任何媒介都无法与之媲美的。

因此，通过综合上述观点，虚拟现实的三个主要特性——沉浸感、交互性和构想性——生动地揭示了虚拟现实不仅仅是对三维空间和一维时间的模拟，也是对自然交互方式的虚拟呈现。一个具有完整3I特性的虚拟现实系统不仅使人在身体上完全沉浸其中，同时也在精神上实现了全面投入。

---

9 李沁.沉浸传播——第三媒介时代的传播范式[M].北京：清华大学出版社，2013.

10 孙双珺.VR影像艺术研究[D].南京：南京艺术学院，2017.

11 保罗·莱文森.莱文森精粹[M].何道宽，译.北京：中国人民大学出版社，2007：12.

第三节　虚拟现实影像的主要研究点

有人认为VR是一种纯粹的技术，是计算机和互联网技术发展到一定程度的技术产物；也有人认为这是一种艺术，因为VR中呈现了人类的创造性和想象力；根据媒介环境学派的观点，VR是一种传播媒介技术，在这个界定范围内，VR既有技术的成分，又代表未来媒介发展的方向。从理论层面看，媒介是展现社会文化生活以及推动社会发展的介质。一般来说，广播、报刊、电视等传播介质被看作是媒介，但是在伊尼斯的观点中，凡是能够反映出一定历史时期内的文化和社会思潮的介质，都是一种媒介。伊尼斯认为媒介的产生与发展都是技术发展和社会文明进步所推进的，同时媒介也在主导着我们的生活方式及社会的生活方式。媒介不仅仅是一种信息的载体，其本身就带有一种符号表达的方式，它也是思想和技术在社会中的延伸，是文明走向的指南针[12]。

"所谓媒介即讯息只不过是说：任何媒介（即人的任何延伸）对个人和社会的任何影响，都是由于新的尺度产生的；我们的任何一种延伸（或曰任何一种新的技术），都要在我们的事务中引进一种新的尺度。"[13]这是马歇尔·麦克卢汉（Marshall Mcluhan）关于"媒介即讯息"的定义的解释。他指出，"媒介即讯息"并不是指媒介与讯息完全等同，而是强调了媒介对于讯息内容的决定性作用，以及对社会的塑造和控制作用。

而在观众心理层面，与传统被动地通过视觉观看银幕接收信息不同，在理想的VR技术条件下，人们可以在VR影像环境中得到和现实世界几乎相似的感知体验，这种"越界"体验打破传统影像银幕边框，使体验者获得一种被影像包裹、身临VR影像世界中的感受。在感知上替代和重构现实世界，形成强大的沉浸感和应用价值，也是它与传统媒介有根本区别的重要之处。

"越界"不仅改变了VR的观影形式，带来VR观演关系的改变，也带来了体验者心理认同的转变。VR体验中的心理认同，不同于传统电影基于视觉双重运动（投射和形成内心形象）构成观众与摄影机的认同路线，而是形成以场景为基础、交互为核心的VR情境的认同，这种认同心理最终指向对VR虚拟世界存在的认同。能否成功建立心理认同，是体验者能否全心沉浸在VR世界中，跟随叙事主线进行积极思考与探索的根本，由此产生了对观众心理研究的需要。

综合以上的论述，VR影像较之于传统的影视，拥有3I属性，颠覆了影视原本的艺术创作理念，原有影视的理论和形式不再直接适用于现在的VR影像。虽然VR影像的核心依旧是影像，但是影像的内容创作也应该随着技术的改变而产生新的变化，以下列举并说明目前部分主要VR影像的研究点。

12　南宫大汐.5部华语VR电影将在第74届威尼斯电影节群星闪耀 [EB/OL].（2017-8-20）. https://www.sohu.com/a/190609818_552181.

13　王斌，颜兵，曹三省，等.VR+：融合与创新[M].北京：机械工业出版社.2016：43.

一、影像的组织

1895年12月28日，在法国巴黎卡普辛路14号大咖啡馆地下室里，卢米埃尔兄弟首次向公众放映了电影《火车进站》（*The Arrival of the Mail Train*）。这一历史性的公开放映标志着电影的诞生，开启了第七艺术的新纪元。因为这一创举，卢米埃尔兄弟被尊为"电影之父"，而《火车进站》成为全球第一部电影作品。从那时起，电影作为崭新的艺术创作形式，开拓了广阔的创作领域。这一伟大发明改变了人类艺术和娱乐的面貌。

然而如果我们让一个不了解电影史的人来看《火车进站》，并询问他的观影感想，他可能会感到十分疑惑：这是电影吗？随着摄像技术的发展和各类影像内容在现今社会的泛滥，影像早已失去了其技术奇观性，而电影艺术经过百年来的发展，经历了从初期的抽象电影时期到超现实主义时期、纪实主义时期、新现实主义时期、"个人风格"时期、新电影时期一直到现代[14]，作品内容越来越多样，种类也更加丰富，对电影的研究也形成了一个较完善的研究体系，电影早已不是当初的模样。当我们现在去看电影，很重要的部分（吸引人的地方）是其中的剧情，也就是叙事。

叙事的本质是对事件和故事的描述。它在符号学和文学领域有特定的学术含义，并衍生出专门研究"叙事问题"的学科——叙事学。叙事学的概念最早由茨维坦·托多罗夫（Tzvetan Todorov）提出，他认为自己的著作《十日谈语法》（*Grammaire du Décaméron*，1967）属于"一门还不存在的学科，我们可以暂称它为叙事学，即关于叙事作品的科学"。此后，罗兰·巴特（Roland Barthes）、克洛德·布列蒙（Claude Bremond）及格雷马斯（Algirdas Julien Greimas）的研究奠定了叙事学的理论基础，使其成为一门独立的学科。在此基础上衍生出影像叙事学。它借鉴并发展了文学叙事学的理论成果，研究视听语言的叙事方式及规律。叙事学的产生推动了对各种艺术形式的叙事风格和策略的讨论。它为分析和理解虚拟现实等新兴艺术形式的叙事提供了重要的理论工具[15]。

蒙太奇（Montage）是传统影像叙事的基本叙事手法，通过蒙太奇手法，将镜头按照创作者的意图、故事的逻辑进行组接，从而使得影像具有丰富的内涵及艺术魅力。普多夫金（Vsevolod Pudovkin）曾表示"电影艺术的基础是蒙太奇，蒙太奇的剪辑创造出非凡的效果"[16]。因此电影就是将一系列镜头，按照一定的逻辑进行组合排列，从而讲述完整的电影故事，"库里肖夫实验"（Kuleshov effect）就是一个经典案例。至此，我

14　厉先锋.蒙太奇在电影创作中的应用研究[D].金华：浙江师范大学，2010.
15　高敏.VR（虚拟现实）影像叙事研究[D].深圳：深圳大学，2019.
16　弗谢沃罗德·普多夫金.论电影的编剧、导演和演员[M].何力，译.北京：中国电影出版社，1980.

们可以说在电影发展初期，其叙事能力，又或者说意义生产的能力还较薄弱，蒙太奇技法使用后，电影才获得了影像叙事、意义产出的能力。

然而，因为VR中"镜框"的消失，观众不再跟随创作者的视角去观看影片，传统蒙太奇的叙事语法在VR影像中不但难以发挥作用，反而会对VR的沉浸性造成破坏，有研究指出VR影像中的镜头切换会引起体验者不同程度的眩晕感[17]。因此在VR影像中，相比于蒙太奇手法，巴赞（André Bazin）的长镜头理论和电影美学得到了最大程度的展现。

VR中的长镜头并非严格意义上的长镜头，而是观众处于一个连续、完整、长时间的影像空间中，这和巴赞的长镜头理论有着相似之处。然而巴赞提出长镜头理论是为了强调电影的"现实性"，他认为长镜头可以更好地展示导演的观点，比起蒙太奇的"讲述"事件，长镜头更多的是在"呈现"事件，因此在传统影像拍摄中，导演可以根据自己需要，决定使用蒙太奇手法还是长镜头来组织并呈现影像，这是有一个选择空间的。而在VR影像的创作初期，这种长镜头感的体现，更像是导演在技术摸索期的一种妥协，我们也确实可以看到早期乃至现在的VR影像内容中，更多呈现的是一种观赏性、体验性的内容，并且在这一模式下，由于观众可以自由选择自己的所见，影像内容的组织者也从导演变为了观众。

不过创作者并没有完全放弃在VR影像中使用蒙太奇，有学者对目前常见应用在VR中的蒙太奇手法如剪切（Cut）、渐暗（Fade）进行了实验分析，发现观众的认知加载（Cognitive Load）是影响蒙太奇手法在VR影像中发挥作用的关键，并提出了一种穿梭（Portal）的VR蒙太奇手法[18]。也有研究显示，有规则地使用蒙太奇手法切换镜头并没有破坏VR影像的沉浸感，反而强化了时空表现能力。

由此可见，蒙太奇并非完全无法应用在VR影像的创作中，而是需要一定技法上的改变和适应，而除了传统影像传承下来的蒙太奇、长镜头等影像组织技法，VR影像也势必会从自身特性出发，延伸出自己特有的影像组织语言。

二、叙事结构

传统影像中的叙事结构有线性和非线性之分，线性叙事结构指故事的发展依照时间顺序展开，整个故事呈现清晰的逻辑，观众能够容易地理解故事内容。非线性叙事结构则将一个完整的故事线打碎成多段进行多样的重新组合，表现方式多元，大致可以分为散点式、环扣式、复调式，粗浅来说，非线性叙事结构能够营造出更多的悬疑

---

17 徐涛，吴克端.基于空间结构的VR电影叙事语言研究[J].电影文学，2021（4）：19-24.

18 CAO R, WALSH J, CUNNINGHAM A, et al.A preliminary exploration of montage transitions in cinematic Virtual Reality[C].2019 IEEE International Symposium on Mixed and Augmented Reality Adjunct（ISMAR-Adjunct），2019: 65-70.

感，让观众沉浸于拼凑的完整的故事中。

VR影像内容也继承了传统叙事的这两种结构，然而因为VR具有交互的特性，使其在叙事形式上蕴含更多，线性和非线性叙事形式在交互性的影响下又各自再有单线和多线之分。简单来说，在具有交互性的VR影像内容中，导演仅提供一种故事主线或者说一种可能是不够的，导演需要考虑观众在故事的各个节点中作出的选择会对故事发展产生何种影响，并提供相对应的后续内容，让观众能够延续自己的选择继续故事的发展。

根据故事中设计的交互元素数量多寡及深浅影响，导演在故事编写和内容制作上无疑需要花费更多的时间和精力，同时需要维系内容的核心主旨，因此在VR影像的创作中是否进行多线叙事，进行何种复杂程度的多线叙事，是导演根据需要进行精细构思的。拥有多线叙事内容的影像作品无疑会给观众带来更多的沉浸感，使其得以体验一个由自己"创作"的故事，但同时也可能极大削弱导演和编剧的影响，削弱影像的故事表现力。

因为VR赋予观众自主能动性，观众拥有360°的自由视野，因此对其视觉的引导是一个难点，进而影响叙事。创立了Oculus Studio工作室的导演Johnnie Ross，提出了一种创新的解决方案。他将环境分成了几个不同的部分：一个包含主要剧情的视角，多个包含次要剧情的视角，以及一个允许交互的交互视角。当观众试图探索周围环境时，从主要视角跨越边界进入次要视角时，主要视角内的场景和人物将会暂停。这时，观众可以自由探索次要场景，满足他们对环境探索和观察的需求。当观众进入交互视角进行交互时，交互内容有选择地影响其他视角的内容。只有当观众的视角重新回到主要视角时，主要场景内的事物才会继续活动，剧情继续发展。这种方式有别于传统的线性叙事，属于一种动态化、非连续的叙事结构[19]。

总结来讲，VR影像中的叙事结构继承传统影像中的叙事结构，但其媒介本身的特点使其注定不可能完全沿袭传统影像，其沉浸性、自由性、交互性等特点催化VR影像中的叙事结构发生改变，使其成为一个主要的研究点。

三、时间

有学者进行过VR影像的时间感知研究，关注体验者在虚拟现实环境中对于物理时间与心理时间的感知，开启了对于虚拟现实时间感知的讨论[20]。也有些学者以现实世界的物理时间系统与时间感知方式作为标准对VR影像中的时间叙事进行研究，并得出两

19 张志彬，黄石.论VR电影的非线性叙事结构[J].传媒论坛，2018，1（23）：162-163.
20 SCHATZSCHNEIDER C, BRUDER G, STEINICKE F. Who turned the clock? Effects of manipulated zeitgebers, cognitive load and immersion on time estimation[J].IEEE Transactions on Visualization and Computer Graphics，2016，22（4）：1387-1395.

种主要观点。

一种观点认为，在 VR 影像中，由于 360° 乃至 720° 的全景视觉空间在技术层面上难以进行剪切和缝合，因此传统电影的蒙太奇效果难以实现。不论是在单一画格空间还是连续画格空间中，VR 影像更注重空间内部的调度，而不是连续镜头之间的组合。因此，传统电影的时间叙事手法在 VR 影像中很难发挥作用。VR 影像转向了场面调度，空间叙事成为主导因素，而非时间叙事[21]。

另一种观点认为，在 VR 影像中，时间也具有空间化的特质，即时间是通过空间形态呈现的。在叙事中，应将时间性叙事转换成空间性叙事。例如，罗宁对 Pearl 进行的分析认为，时间历程浓缩、凝聚在"珍珠"这一空间形态上。这种观点强调了 VR 影像中时间与空间的紧密联系。另外，郭春宁等对《6×9》的分析表明，故事将时间维度压缩到一个狭窄空间中，展现了因犯被关在 6 英尺宽 ×9 英尺长的牢房中日复一日的独囚创伤等情感和体验。这些研究显示了在 VR 影像中时间与空间之间存在着密切的关联，时间性叙事可以通过空间形态来呈现[22]。

然而这两种对于 VR 影像时间叙事重要性的缺失及时间空间化的讨论，都是从现实中物理时间的历史性角度来思考 VR 影像中的时间呈现，注重的是 VR 对于现实世界的再现性特质，忽略了虚拟现实对世界模拟与改造的构想性。有学者便结合德勒兹的"时间异质性"概念，并通过分析《家中的刽子手》（*The Hangman at Home*，2021）、《夜之尽头》（*End of Night*，2021）等作品讨论 VR 影像对时间异质性的呈现与建构[23]，提出从共时性的视角来感知时间、体验时间与呈现时间。

简单来说，VR 影像中的时间，不论是影像时间还是时间叙事，都因为 VR 的沉浸性、空间性特点，使其有别于传统影像中对于时间的设置，其时间性具备更多的可能性，因此成为 VR 影像中的一个研究点。

四、空间

基于全景画面与环绕声的呈现，VR 影像构建了自身的立体叙事空间，从而打破了传统银幕的二维局限。换言之，VR 影像的叙事元素分布于球形空间之中。因此，VR 的空间叙事概念（Spatial Storytelling）应运而生，与之对应的是情节空间密度（Spatial Story Density，SSD）。昂塞尔德（Unseld Saschka）对 SSD 的总结为："在 VR 叙事空间中，不仅应该存在一个有趣的故事供观者探索。故事与叙事应该像整个立体环境一样，围

---

21 田杨，钱淑芳. VR 电影的空间叙事特征与方法[J]. 传媒，2022（4）：45-47.

22 郭春宁，富晓星. "囚室"之记忆：空间叙事在动画纪录片与虚拟现实中的建构[J]. 当代电影，2021（2）：166-171.

23 徐小棠，周雯. 时间的异质性：VR 影像的时间呈现与时间叙事[J]. 北京电影学院学报，2023，（7）：36-44.

绕着观者。在任何时刻，都应该确保一定数量的故事元素分布在空间中。"[24]

空间叙事简单理解是指观众可以从影像的场景中获得与故事相关的信息，在传统影像中，镜框式的影像除非在长焦或是广角镜头下，否则观众很难清晰地捕获镜头中的场景信息，通常需要依靠导演刻意安排的场景特写镜头。空间叙事体现较明显的是在游戏中，玩家花费大量时间自由地在游戏的虚拟环境中游历，因此创作者更愿意在游戏的场景中添加故事元素以起到空间叙事的作用。

空间除了起到环境叙事的作用，也影响 VR 影像中时间的营造，许多导演会利用 VR 影像中的空间设置来形塑故事时间，暗示时间的流动变化。时间加上空间的"时空"相较于传统影像中时空的设计是一个更加开放的意义生成系统，也是 VR 影像一个重要的研究点。

五、角色调度

角色调度简而言之就是影像中角色的走位与动作安排。传统影视中，角色调度可以分为平面调度和纵深调度两种基本形式[25]，再加上传统影像中的镜头设计（构图和景深），导演可以完全依照自己所想，让角色的表演在镜头中发挥他所期望的叙事效果。

但在 VR 影像的全景视域中，角色的调度产生了巨大变化。由于"镜框"的消失，角色不再能够轻松地出画，导演一旦在场景中放入了角色就需要考虑角色在场景中进行何种表演，一直到观者的视野被下一次强制"黑场"前。因为观众可能会持续关注某一角色，即从叙事角度上，可能同一时刻另一名角色的表演更需要得到观众的关注。相反的，角色入画也不再随意轻松，如果观众的视野中突然凭空走入了一个新的角色，不免会让其感到脱节，因此某些 VR 影像中，导演会巧妙地利用场景或道具遮挡来帮助角色出入画。

除了角色的出入画，角色在场景中的哪个位置进行表演也至关重要。传统影像中，桥段中的主要角色会被摆放在画面中较显眼的位置，以此吸引观众的注意力。有学者根据角色和观者的关系及进行的行为（对话、对立、对峙、追逐、情感）对角色在空间中的放置位置作了总结。

角色本身也具有引导性，角色具备叙事推动、主题表达与情感寄托等其他叙事元素都不可替代的功能，以角色为系统的引导元素与引导方式具有极高的实用性。角色外形视觉信息和台词语音信息形成的视觉与听觉的同步能够对注意力的吸引及保持起到作用，并且具备其他引导元素所没有的可塑造性与可控性，角色的多维度与立体化

24　SASCHKA U.5 Lessons Learned While Making Lost, Story Studio Blog[EB/OL].（2015-07-15）. https://storystudio.oculus.com/en-us/blog /5 Lessons Learned While Making Lost/.

25　郭宇，史立成.情景叙事类 VR 全景动画中的角色调度探究[J].当代电影，2019（7）：145-149.

特征是其优势[26]。在具有交互性的影像内容中，玩家也高度依赖场景中的角色给出提示，帮助他们做出行动。

由此，VR影像中的角色调度不仅起到传统影像中推进情节故事发展、引起观众情感共鸣的作用，也起到VR影像中特有的行为引导、陪伴作用，角色的调度方式因此成为一个重要的研究点。

六、认同机制

传统影像中，视觉的双重运动形成了观者与摄像机的两条认同路线，凝视成为观众认同产生的前提，而在VR环境下，凝视的内涵得到了极大的丰富，VR观影赋予了观众视觉、听觉、触觉、动感等全体感刺激。而除了认同路径的改变，过往的"凝视"也向VR独有的"置身"转变。传统影像中，观众的"缺失"构成影像与观者关系的基础，"缺失"是麦茨（Christian Metz）电影第二符号学中的重要概念，其含义在于：观者并不存在于影像中，无法在荧幕上看到自身影像，但观者经过镜像阶段之后，已经拥有了足够的知识与经验，使其在自我影像缺失的情况下亦能完成从感觉到知觉的形成。然而不论通过情节或是第一人称视觉的叙事手段等，缺失使得观众只能对独立于他的客体产生认同，无法从根本上对作为客体的自己产生认同，观众始终在体验一个"他者"的故事。

而在VR影像中，传统的"缺失"转变为"在场"，即上述"独立于他的客体"很大程度上向"作为客体的自己"转变。这种在场除了情节、第一人称视角、肢体露出等形式外，最主要的转变在于VR赋予的自由视角和交互参与。即使VR的一大特点——沉浸性让观者认定自己身处其中，但随之也让观者产生问题：我是谁？我能干什么？我该干什么？

同时，因为VR赋予观众在场的能力，导演在内容中的角色和镜头设置就需要格外谨慎。一般来说，场景简单、侧重感官的VR作品，即使有多名角色，观众在角色认同上仍能较为顺畅，比如在VR过山车中，观者能够轻松地在第一时间与某位乘客产生认同。而在有复杂人物设置的影片中，观众很容易产生认同障碍。在VR悬疑影片《活到最后》中，数名人物被密闭于同一空间中，通过观察他们的行为、辨听争论，观众需要逐步推理真相找出隐藏的背叛者，而观众在这一过程中不断转换兴趣点，试图捕捉足够的信息理解剧情。在信息不足的情况下，人物认同容易出现混乱，观众在体验《活到最后》时，普遍反映"看得非常累"。

因此，VR影像赋予观者在场的同时，也使其认同机制发生与传统影像不同的变化，观者身份认同的一致性与延续性是十分必要的，如何引导VR体验者对角色产生认同是观众心理的一个研究点。

 26 李萌.VR影像中角色引导的设计及应用[D].北京：北京邮电大学，2022.

七、注意力聚焦和引导

VR影像中，导演作为影片中心的地位被消解，观者获得以往所没有的"能动自主"性[27]，360°无死角、具有空间深度的场景、更加丰富的交互元素、多感官的刺激体验导致观者的注意力被大量的信息干扰分散，游离于叙事主线之外，无法达到导演预期的叙事效果，因此需要对观者的注意力进行聚焦和引导。

注意力的形成是一种心理过程，是记忆、观察、想象和思维的提前准备，目前对于注意力的聚焦引导，主要通过视觉、听觉和交互上的引导进行。VR影像受制于本身的特性影响，无法完全以游戏通过任务（目标）的形式实现对受众进行引导，而通过兴趣点的引导相对更适合新媒介的叙事环境。当下最主要的方式是运用传统电影中的视觉引导机制，或者通过人体生理上的视觉机制来进行控制引导，如颜色、光线对视觉的影响。在VR影像作品中，眼睛的随从运动通过与光线明暗、颜色等合理的结合与控制来实现注意力的引导[28]。

除了将传统影像的技法应用于VR影像中，VR影像中的注意力引导点也注重"质"和"量"的选择。注意力引导的效果有强弱之分，如果影像内容中通篇充斥着具有强制性的引导，会使观者失去随意探索的好奇心，破坏其沉浸感。并且由于观者具有360°无死角的视角控制权，数量不宜的注意力引导点要么会使观者错过引导造成迷失或错过，要么会过度吸引观者的注意力，同样破坏其沉浸感。如何设计引导元素并将其在VR影像的时间和空间维度上进行排布和设计[29]，以引导观者的注意力，是VR影像的一个研究点。

八、心理迷失

VR的高沉浸性和构想性带来了"知觉移情"效果的大幅提升，在理想的虚拟现实状态下，观者获得生理与心理的双重宁静，本我的欲望得到了极大的满足，而在真实与幻觉边界越来越模糊的VR环境下，观者的承受极限可以达到何种程度？日本曾于20世纪80年代提出过"二次元禁断综合征"的概念，指过分沉迷于漫画中的虚拟世界而造成社交上的障碍，这一定程度上被视为特殊的精神疾病。有学者借助镜像理论，将VR等二次元媒介称为"永远不会说真话"的镜子，这面魔镜中的自己更多时候是作为对自己的完美想象而存在的，是一种观者向虚拟寻求补偿、实现满足的心理过程，产

27　任小利.VR影像叙事中受众注意力引导策略研究[D].重庆：四川外国语大学，2021.

28　黄石.虚拟现实电影的镜头与视觉引导[J].当代电影，2016（12）：121-123.

29　田丰，傅婷辉，王雪菲.VR电影叙事引导的时空体系研究——以谷歌Spotlight Stories短片《风帆时代》为例[J].电影文学，2021（3）：3-8.

生完全的退行状态。然而人无法完全逃离现实，前行至现实环境后，问题接踵而来，当欲望无法得到满足时，观者又产生失落、消极、冷漠的精神状态，严重者更会产生抑郁、自残等症状。

更需要警醒的是，在虚拟环境中，日常被社会规范、法则所限制的行为得到解禁，甚至有些作品以此为主要的卖点进行推广，吸引广大用户进行体验和消费。人类的深层欲望找到了宣泄的出口，过度地投身其中会导致无法划清虚拟与现实的界限，扭曲人对于世界的常规认知，最终在现实世界中酿下祸端。这些心理迷失的相关问题目前已经在游戏相关的案例中发生。VR相较之游戏，其沉浸性和移情效果得到进一步的提升，因此对于如何解决VR中的心理迷失，通过内容创作上的限制或是以技术手段控制观者体验时间，亦或是加强心理健康教育，是一个需要广泛讨论的研究点。

2

第二章　虚拟现实影像的类型分析和体验实践

虚拟现实（VR）技术自20世纪中叶以来经历了显著的发展和变化。早期，如1957年海利的"SENSORAMA"模拟器，以及1961年Philco公司的"Headsight"头戴显示器，标志着对沉浸式体验和技术应用于特定任务训练的初步探索。1968年，萨瑟兰的头戴显示器进一步推进了与虚拟环境的交互，而克鲁格在1975年开发的"VIDEOPLACE"则开启了交互式VR平台的先河。在这个阶段人们就意识到，沉浸式的全景影像系统在信息传递的效果上，尤其是增强用户对影像中所涉及环境的感知程度上要优于传统影像系统。

这一阶段的虚拟现实技术主要服务于一些特殊职业或危险场景下的技能培训。直到20世纪90年代到21世纪10年代，虚拟现实技术得到了突破性的发展，这得益于图形处理、动作捕捉等其他相关技术的突破，虚拟现实技术开始被应用于游戏设计、全景地图、心理创伤治疗等更加广泛的领域。

在此期间，基于环形显示屏与视角追踪技术的沉浸式虚拟现实环境CAVE出现。CAVE是一个四周环绕显示屏的立方体，在限制范围内它会随观众移动路径而反馈正确透视和立体投影[1]。头戴式显示器也不再成为唯一的沉浸式虚拟现实系统解决方案。

1　杨青，钟书华. 国外"虚拟现实技术发展及演化趋势"研究综述[J]. 自然辩证法通讯，2021，43（3）：97–106.

2016年，宏达（HTC）公司开始对外销售HTC Vive，索尼公司推出Play-Station VR。虚拟现实头戴式显示器设备领域最具竞争力的领先产品已全部出现，行业发展竞争势头凸显，2016年也被视为虚拟现实技术发展的关键一年。此后，虚拟现实技术的应用范围也得到了极大的拓展，包括国防军事、教育培训、医疗保健、工业制造，虚拟现实技术的普及使其在娱乐文化方面的应用也得到了拓展，人们开始像使用传统影像一样使用VR影像记录生活、讲述故事、传递观点，在不同的使用场景中用VR影像达成各自的叙事目的。

如今，VR影像的画质水平得到进一步提升，制作与播放设备也得到普及，VR影像所能承载的内容几乎涵盖了传统影像能达到的所有效果。诚然，VR影像无法全方位地"替代"传统影像，但由于其技术特性，在一些特定的叙事目标驱动下，VR影像的叙事能力已经超出了传统影像所能覆盖的范畴。要了解VR影像在叙事能力上的边界并发挥其独特的叙事效能，我们需要从叙事目标出发，结合具体VR摄制、体验设备的技术特点，综合考虑VR影像的制作特点与具体的应用场景。

第一节　应用类型和叙事类型

　　根据作品的形式、结构和叙事方式等特征将VR影像进行分类，有利于我们对作品风格和技巧进行总体描述，反映了作品是如何被构建和呈现给观众的。虚拟现实（VR）作品由于其沉浸性和互动性，能够提供传统媒介无法比拟的体验。这种技术的特性允许创作者探索各种应用类型和叙事类型，创造出独特的观众体验。本节对虚拟现实影像的应用类型和叙事类型进行讨论，目的并不在于采用某种标准对虚拟现实影像进行分类，而是综合性地讨论虚拟现实影像应用类型与叙事类型之间的关系，以及选择某种应用类型与类型组合所基于的叙事目标，以便我们更准确地把握不同类型虚拟现实影像之间的体验感差别。在VR影像领域，讨论作品应用类型可以帮助我们区分作品是属于虚拟现实游戏、教育应用、互动电影还是模拟体验。

　　选择不同的叙事类型，VR影像作品可以在教育、娱乐、训练等多个领域内创造独特和深刻的用户体验。理解和应用不同的叙事类型对于VR影像的研究和创作至关重要，能够帮助创作者更好地利用VR技术的潜力，为观众提供丰富和多样化的体验。在创作VR作品的时候，准确把握作品的应用类型有利于我们最大化地利用VR影像的优势。在具体创作过程中，我们可以通过虚拟现实的应用类型进行概括归纳。

一、剧情片

　　通过虚拟现实技术讲述具有完整情节和角色发展的故事。观众可以身临其境地体验剧情，有时甚至可以影响故事走向。

　　从本质上来说，VR影像本身也是一种影视素材，早期VR影像主要以特殊职业技能培训或沉浸感体验实践为创作目的，直到VR拍摄制作技术水平提升，VR影像创作的技术门槛降低，VR影像才以一种实验性影像的姿态与传统影视行业进行结合，早期VR影像通常结合微电影和实验性艺术短片进行创作。目前，经过创作者多年的摸索与行业经验的积累，VR影视作品应用类型得到进一步拓展，VR电影本身的篇幅不断延长，也出现了VR类型的系列片作品。下面列举一些在各类奖项中表现突出的VR影片。

（一）Henry

　　这是一部由奥卡斯·萨坦（Oculus Story Studio）制作的虚拟现实动画片，这部虚拟现实动画片荣获了2016年艾美奖（Emmy Awards）的杰出原创交互程序奖（Outstanding Original Interactive Program）。

（二）Dear Angelica

　　同样出自奥卡斯·萨坦，获得了多个奖项，包括2017年圣丹斯国际电影节

（Sundance Film Festival）的最佳虚拟现实故事奖和同年艾美奖的杰出原创交互程序奖。

（三）Notes on Blindness：Into Darkness

这部由 Arte、Ex Nihilo 和 Audiogaming 三家公司制作的 VR 体验电影，根据约翰·赫尔（John Hull）的回忆录《失明笔记》（Notes on Blindness）改编而成，曾在多个电影节及奖项中获得肯定，包括剑桥电影节（Cambridge Film Festival）的 2017 年最佳 VR 奖和杜比（Dolby）奖。

2017 年，美国电影艺术与科学学院宣布导演亚利桑德罗·冈萨雷斯·伊纳里图（Alejandro González Iñárritu）凭借最新的 VR 装置艺术作品《肉与沙》（Flesh and Sand）获得奥斯卡特别奖。这也是 VR 影像作品首次获得奥斯卡官方的认可，后者认为这部作品"创造了极具视觉效果和冲击力的叙事体验"。

电影界一直在探讨如何突破"第四堵墙"，以提升观影者的参与度和沉浸体验。2014 年，导演玛丽安·埃利奥特（Marianne Elliott）执导了一部名为《深海奇遇》的 VR 短片，其中呈现了令人身临其境的海底探险，给观众带来了惊险刺激的体验。这部作品通过 VR 技术将观众带入海底世界，让大家感受到了深海的神秘与危险，与传统电影相比，更具沉浸感和互动性。此外，科幻题材也成为 VR 电影的主要探索方向，太空探险、未来世界的场景和情节加上 VR 技术的沉浸式体验，让观众能够身临其境感受未来世界的奇妙。2016 年 9 月，英国制作的《星际探险家》（Interstellar Explorer）结合了科幻与冒险元素，通过 VR 技术呈现了观众在外太空的探险之旅，让人仿佛置身星际飞船中体验宇宙的奇妙。该作品不仅具有令人震撼的视觉效果，还有丰富的剧情和角色设定，与 VR 技术的结合度较高，给观众提供了一次全新的太空冒险之旅。2017 年，DreamWorks Animation Studios 推出了《VR 宝贝》（VR Baby），该电影采用了最新的 VR 制作技术，让观众沉浸在一个由可爱的动画角色组成的童话世界中，体验与它们一起冒险的乐趣。这部作品不仅将观众带入了一个生动的动画世界，还为观众提供了与角色互动的机会，增强了参与感和沉浸感。

电影一方面是影视娱乐文化产业中最重要的产品类型，另一方面也是被公认的"第七艺术"。VR 影像技术对电影的赋能既为用户提供了品类更加丰富的文娱体验，也为艺术家们提供了艺术创作的试验场。

二、纪录片

通过历史重现等方式，利用 VR 的沉浸性让观众深入了解现实世界的事件、地点或人物。这种应用类型的作品往往注重提供一种身临其境的观察和体验。VR 技术能够使抽象概念具象化，让复杂的信息变得易于理解，包括人文科教题材的专题片、辅助各类学科或工种的教学影像。

The Body VR 是一款教育专题的VR体验，让观众通过微观视角在人体内部旅行，探索细胞和血液流动的奥秘。这部作品结合了科学教育和沉浸式体验，通过虚拟现实技术提供了一个既富教育性又引人入胜的学习平台。

2016年，上海纪录片制作中心的团队尝试了VR实录，其中《走进自然》让观众仿佛置身于大自然之中，感受植物生长的神奇过程。而中国首部大型VR纪录片《长城守护者》则展现了长城的壮丽景观和守护者们的生活，让观众了解长城的历史与文化，同时感受到守护者们的责任与使命。

"沉浸式阅读"在虚拟现实技术的催化下，推动了纸质媒体的转型，将读者带入一个全新的交互时空的阅读体验中。中国首部VR读物诞生于2016年1月，出版自北京少年儿童出版社的《大开眼界·恐龙世界大冒险》。这部作品一经问世，即受到广大儿童读者及家长的追捧。读者只需自主组装眼镜，连接手机App，便能沉浸在与恐龙共处的奇妙空间之中。纸质书籍不再是平面的纸片，而是栩栩如生的立体情境。同一年，HTC推出了融合VR和AR技术的全新VR阅读模式，作为全球首个采用Vivepaper技术的增强虚拟阅读模式，为读者带来了360°全景互动的阅读体验。这一技术的推出将现实世界的书籍、杂志和报纸带入了虚拟现实的境域。同时，Google公司也发布了交互式图书和增强立体书两项专利，借助强大的VR技术，将阅读体验提升至一个新的高度。2017年6月，美国波士顿学院的英语教授及其学生们将爱尔兰现代派小说家詹姆斯·乔伊斯的长篇小说《尤利西斯》与VR技术相结合，通过虚拟体验引领读者探索小说中的关键场景。这种全新的VR阅读形式通过设定读者与小说人物之间的互动，促进了读者与书中情节的交流，使故事情节的吸引力得到了增强。这无疑有助于缓解由于快节奏生活和碎片化时间所导致的对传统阅读习惯的疏远感[2]。读者无需刻意记住每一个字词，只需沉浸于增强的情感体验中，便可感受文学作品的世界。

三、虚拟仿真

虚拟仿真是一种高技术手段，通过计算机仿真和虚拟现实技术，构建一个能够模拟现实世界物理过程、信息流程和行为逻辑的虚拟环境。以计算机图形技术创建的虚拟现实为基础的VR影像，能够根据用户喜好及时更改观看方位。这使得专题影像的信息传递方式不再停留在一个固定的二维平面上，因此其传递的信息量与准确性都将得到明显的提升。

在这个环境中，用户可以进行交互式操作，以达到研究、学习、训练或娱乐的目的。简而言之，虚拟仿真技术旨在通过虚拟的手段，模拟真实世界的各种情况和过程，

2　段鹏，李芊芊. 叙事·主体·空间：虚拟现实技术下沉浸媒介传播机制与效果探究[J]. 现代传播，2019，41（4）：89-95.

使得人们可以在一个安全、可控的虚拟环境中进行实验、学习和训练，从而获得相应的知识和技能。这种技术广泛应用于军事、医疗、教育、建筑、娱乐等多个领域，为人们提供了一个高效、经济、安全的学习和研究平台。

四、游戏

从简单的益智游戏到复杂的角色扮演游戏（Role-Playing Game，RPG），VR游戏通过交互式的游戏机制和沉浸式的环境，提供了一种全新的游戏体验，一些游戏在VR环境中搭建了可供玩家之间在线上进行交互等的虚拟现实场景与平台。而剧情导向为主的VR作品实际上是交互影像的一种拓展，其特征表现为VR环境下的强沉浸感对交互影像参与感的正向影响。

VR游戏以其独特的体验和引人入胜的奇观性，为游戏产业带来了全新的可能性。索尼公司推出的PSVR主机与PlayStation联合打造的《蝙蝠侠：阿卡姆 VR》（*Batman: Arkham Knight VR*）采用了Unreal引擎4制作，其高度交互性的环境引人入胜，堪称系统中画质最出色的游戏之一。而《仙媛 La Peri》则由Inner space VR公司推出，结合了古典音乐故事和芭蕾舞表演，玩家通过戴上VR眼镜、手持VIVE控制器，化身为王子Iskender，探索寻找 La Peri 的"不朽之花"，在游戏中体验如同置身于舞台剧中欣赏美妙舞蹈表演的感觉[3]。

从VR游戏设备的销量上能旁观VR游戏市场的快速增长：三星电子与Oculus VR公司合作开发的三星Gear VR自2015年年末上市以来，全球销量已超过500万台，成为迄今为止销量最大的虚拟现实设备；其次是索尼公司的PSVR，同样达到500万台的销量[4]。

五、虚拟游览

这些作品允许用户体验通常难以或无法亲身体验的情境，如太空行走、深海探险等，一般情况下建立在计算机创建的虚拟现实场景而非360°全景拍摄的影像中。这些作品通常轻叙事而重奇观化的体验，并具备一定的交互属性，应用类型的作品在VR影像发展的历程中出现相对较早，早期通常用于飞行员培训、灾情处置培训影像制作。当前，这种模式一般用于营造特定的视听体验，或者是融合在一些交互影像作品中。

3　段鹏，李芊芊. 叙事·主体·空间：虚拟现实技术下沉浸媒介传播机制与效果探究[J]. 现代传播，2019，41（4）：89-95.

4　何威，刘梦霏. 游戏研究读本[M]. 上海：华东师范大学出版社，2020.

各类实体展馆在全球范围内都扮演着重要的文化和艺术传播角色。然而，由于时间、空间和展品的不易流通性等因素的限制，观众参观展览的便利性受到了挑战，降低了他们的观展动机和可能性。VR技术与展馆的紧密结合，极大地解放了人们在时空上的局限，使得虚拟参观成为一种时尚的文化活动。

举例来说，大英博物馆（British Museum）利用VR全景技术推出了名为《古埃及宝藏探秘》（*Virtual Reality tour of British Museum's Egyptian galleries*）的在线展览。通过这项技术，观众可以360°全方位地浏览展览内容，不受时间和地点的限制，仿佛置身其中。他们可以自由地探索埃及古文明的丰富遗产，近距离欣赏各种珍贵文物，感受古老文明的魅力。而且，VR技术还为观众提供了与展品互动的机会，例如可以放大细节，了解更多背后的故事，从而丰富参观的体验。

除此之外，"VR＋展馆"不仅消除了时空限制，还为观众带来了更丰富的视觉享受和穿越体验[5]。例如，世界各地的历史遗址和自然景点都开始利用VR技术进行虚拟游览。观众可以通过VR眼镜身临其境地感受埃及的金字塔、中国的长城、巴黎的埃菲尔铁塔等世界知名地标建筑的壮丽景观。这种互动体验不仅让观众与展品零距离接触，还减轻了对展品的潜在损坏风险，为文物保护和传播贡献了一份力量。

六、艺术创意影像

艺术家和创作者使用VR技术探索新的表达形式，从内容题材上，创造出实验性或抽象的作品，挑战观众的感官和认知；形式上，实验性的VR作品种类多变，其中包含相当数量的VR艺术装置，这些作品通常将VR影像作为装置的重要组成部分，并以增强VR体验感为目的配套其他的各类交互装置。

Anna Zhilyaeva（安娜·吉利耶娃）是一位在VR艺术界内享有盛誉的艺术家，她的作品包括使用虚拟现实进行的现场绘画表演。如俄罗斯喀山WorldSkills开幕式上的虚拟现实绘画表演，以及在巴黎卢浮宫的现场表演。她的作品不仅仅是视觉体验，更是一个沉浸式的艺术过程。

Aerobanquets RMX是一个由Mattia Casalegno创建的多感官体验，结合了艺术装置和餐饮体验。受到意大利未来主义者马里内蒂（Fillipo T. Marinetti）和菲利亚（Luigi C. Fillia）的《未来主义烹饪书》（*Futurlist Cook Book*）的启发，Aerobanquets RMX让参与者在混合现实中探索、进食，并与一个充满幻想的世界互动，这个世界在反乌托邦和希望之间交替变化。该体验不仅仅是关于食物的享受，更是对食物消费习惯和生产方式的反思和批评。

5　段鹏，李芊芊. 叙事·主体·空间：虚拟现实技术下沉浸媒介传播机制与效果探究[J]. 现代传播，2019，41（4）：89-95.

VR技术发展的重要组成部分便是360°全景拍摄技术的发展。在全景拍摄技术的加持下，各类新闻报道、体育赛事、文艺表演、演唱会、音乐会等都推出过VR现场直播，观众借助VR体验设备，即可得到身临其境的现场体会。对个人而言，使用全景拍摄设备进行生活记录也是一种新的选择。

《今日美国报》《华盛顿邮报》以及美国广播公司等，纷纷采用360°实景拍摄和虚拟现实技术，开展沉浸式新闻报道。国内媒体也意识到了VR与新闻融合的必要性，在近年来的一系列重大事件报道中，《人民日报》、新华社、中央电视台、光明网等多家媒体都尝试了360°全景新闻和虚拟现实新闻的报道方式。

总的来说，沉浸式新闻报道可以分为360°全景影像新闻和虚拟现实新闻两类。用户可以通过PC端和手机端进行操作，也可使用屏幕配合可穿戴设备。新闻叙事依赖于受众的动作参与，极大地调动了人的视觉、听觉和行为系统。在国内，从2015年开始，《人民日报》、新华社等机构就陆续推出了一系列VR全景视频和VR新闻报道。2016年，央视网采用了可实时拼接10个全景摄像头的4K全景摄像机，全景直播了"体坛风云人物颁奖典礼"。同年9月15日，在央视新闻频道《筑梦天宫》的直播中，基于VR技术，观众能在演播室内虚拟看到神舟飞船从屏幕里"飞"了出来，主持人也"穿越"到飞船内部，介绍飞行器的内部构造。这些新闻报道结合了VR技术，使观众更直观地了解新闻事件。"VR+新闻"的新业态弥补了二维电视画面主要依托图片、视频、音频等要素的整合而无法为观众提供新闻事实带来的真实感和临场感的缺憾。虚拟现实技术通过将难以取材的场景进行模拟，使得观众的视角从旁观者转向第一人称，拉近了新闻报道与观众之间的距离，增强了认知主体对新闻发生地认知对象"客观存在"的主观感受，改变了传统新闻的传播效果[6]。

技术融合对于综艺节目的意义和效果是深远而具体的。首先，通过将VR技术与综艺节目相结合，可以为观众带来更加身临其境的观赏体验。以《明日之星》为例，观众不再局限于电视屏幕前 passively watching，而是可以穿戴VR头显，仿佛置身于节目现场，与选手们近距离互动，感受到比传统观看更加真实和丰富的体验。

其次，技术融合还可以提升节目的视听效果。利用虚拟现实技术，节目制作方可以打造出更加精彩绝伦的舞台效果和特效，增加节目的观赏性和娱乐性。比如，在《跨界歌王》节目中，通过VR技术，观众可以看到逼真的舞台布景，感受到真实的舞台氛围，从而全身投入节目中。

此外，技术融合还能够提升节目的互动性和参与感。通过VR头显，观众不仅可以观看节目，还可以参与节目中来，与选手互动、投票等，使观众成为节目的一部分，

 6　宫承波.媒介融合概论[M].3版.北京：中国广播影视出版社，2021.

增强了他们的参与感和忠诚度。

VR技术已经不仅局限于电影领域，更向舞台剧、舞台表演和音乐会等实景表演领域延伸。2016年，来自Felix & Paul工作室的一部VR虚拟现实舞台剧《追光之战》成功将真人表演与VR视频融合，实现了舞台剧与VR虚拟现实的创新结合。这部舞台剧通过将观众置身于舞台之中，打破了传统表演与观众之间的距离，同时避免了传统全景拍摄可能出现的畸变和接缝问题。另外，一部名为《虚拟空间》（Virtual Space）的VR实验话剧尝试了沉浸式媒介玩法，借助虚拟现实技术对情节、氛围和戏剧性突显进行渲染，为观众呈现出真实的悬疑惊悚氛围。这些案例都展示了VR技术与舞台表演的融合，极大地丰富了观众的观影体验。

除了舞台剧，VR技术还为舞台时装秀注入了新的生命力。2017年，中国传媒大学艺术学部和戏剧影视学院联合策划设计了一场VR舞台时装秀《未来之约》。这场时装秀首次将VR技术与时装秀结合，让观众可以通过多种方式与表演互动，突破了传统时装秀的局限，呈现出视觉上的新奇与魅力。

在这些VR舞台秀中，观众不再被局限在座位上，而是可以自由选择观看角度和位置，甚至可以标记自己感兴趣的内容，实现定点观看。此外，还有其他技术如AR技术也在时装领域发挥着重要作用，为时装秀增添了更多的创意和科技元素。这些创新的实践不仅丰富了观众的观赏体验，也给舞台表演领域带来了新的发展机遇。

八、广告

VR广告通常以VR媒介本身的特殊性引起用户的好奇心，提供沉浸式的观看体验，提升用户注意力留存率。VR广告同样具备丰富的应用类型与应用场景。从应用场所角度分类，VR广告大致可以分为两类：商家组织的线下活动或发布会现场的VR体验项目与VR游戏中的内嵌广告。

前者通常以体验VR的新奇感吸引观众，并且可以与特定的现场条件进行融合。例如，韩国North Face在2015年10月开展的名为"突然的探索"（Sudden Exploration）的商场参与活动。在未被告知具体流程细节的前提下，用户被要求戴上VR头显，坐在一架雪橇内，沉浸式体验在雪天进行冰雪运动的快乐。在这个过程中，工作人员会把用户乘坐的雪橇推到真实的雪场中，待到用户摘下头显，发现自己真实地置身于头显内的场景时，不由得产生一种虚实交叠的错觉。这种新奇感和兴奋感配合North Face当季主推的冬装轻易抵消了现场冰雪天气带来的寒冷，"突然"的惊喜与"探索"的快乐作为活动主题得到彰显，产品的保暖特性得到切身体验，品牌形象与欢快的冰雪运动联系起来，一举多得。

后者则是充分利用了用户正在进行VR游戏时的特殊媒体播放环境。设想一下，在进行游戏的过程中，在一个不起眼的角落发现了一罐可乐，与之进行交互后，一罐虚拟的可乐在你面前打开，开罐时喷出的水汽发出夏天的声音，清爽的气泡环绕在你的周围。相较于传统影像中枯燥无味且拖沓重复的广告，在虚拟现实中的广告无疑具有更强的趣味性与吸引力。

随着VR技术的发展和普及，可以预见未来会出现更多创新的应用类型和叙事类型，进一步拓宽虚拟现实内容创作的边界。虚拟现实作品通过这些功能，能够在教育、娱乐、训练、治疗等多个领域提供前所未有的体验。随着技术的发展，VR作品的功能和应用范围还将不断扩展，开辟更多的可能性。在实际的影像创作中，我们不难发现VR影像本身的技术先天性使得其在影像表达上较传统影像而言存在一些差异：沉浸感和参与感大幅提升、画面中包含的信息量更大、画面景别固定导致后期剪辑空间压缩等，把握这些差异并扬长避短，是选用VR影像作为创作媒介的基本原则。

从叙事类型上分类，VR影像可以粗略地分为以下三类。

（1）线性叙事

故事按照固定的路径和顺序展开，观众的体验相对被动，类似于观看电影或电视剧。

（2）非线性叙事

故事提供多个分支或结局，观众的选择可以影响故事的走向。这种类型的叙事增加了互动性和重玩价值。

（3）交互式叙事

观众通过与虚拟环境中的物体或角色互动，直接参与故事的推进。这种叙事类型可以非常复杂，涉及解谜、探索等元素。

需要注意的是，VR作品的这些应用类型和叙事类型不是相互排斥的，许多作品会结合多种元素，创造出跨应用类型和叙事类型的新形式。这些形式各异的VR影像作品一般都对应着特定的使用场景，但其影像本身的属性都是基于上述要素间不同的排列组合而决定的。一些作品可能混合了多种应用类型的VR影像。

例如一些VR游戏当中，在剧情过场部分，创作者可能采用线性叙事剧情片的应用类型来交代剧情背景。在另一些情境中，创作者使用交互叙事的方式将故事发展方向的选择权交予观众。在游戏的实际操作过程中，虚拟体验和模拟又构成了玩家游玩的主要内容。

而同一种应用类型的VR影像在不同应用场景中也会呈现出不同的特点。以VR剧情片为例，根据使用场景的不同，创作侧重点会发生相当大的改变。例如VR影像作为一部封闭线性叙事的剧情电影，故事情节的推进几乎构成了每一幕场景的主要目标，场景中人物的排布、观众视角、剪辑节奏等都为剧情服务，影像观感上将更加贴近传统电影。

　　用于心理疗愈目的的VR影像，其中也存在故事讲述这样的环节，但整体上，这类用途的VR影像更侧重于将所创建的虚拟环境与治疗对象的特点进行结合。通过高沉浸感的体验使治疗对象与目标场景联系起来，形成积极的心理暗示，结合疏导性的内容设置达成治疗目的。

　　从影片的应用类型与叙事类型角度对VR影像进行分类是从其影像本身的性质出发的一种分类，在实际创作过程中，更多的情况是我们并不会刻意地关注影像本身"是什么"，而是结合影像的用处进行分类。

第二节　虚拟现实设备的特性和使用

　　虚拟现实设备的发展历程其实是一个不断优化用户体验与沉浸感的过程。观察迄今为止虚拟现实设备特性，充分的沉浸感与优秀的便捷性似乎一直处于此消彼长的对立面，具备多感官刺激的设备通常具有各式各样的外接装置，具备运动追踪系统的体验设备通常配有限定运动范围的追踪系统。尽管具备VR显示功能的头戴显示器成了当前主流的VR体验设备，但在这些设备当中，由于其对各类需求的技术细节处理方案的不同，这些设备在体验上仍然存在相当大的差异。在一些作品当中，为了满足特定的沉浸体验，创作者甚至会为了作品定制一套专门的虚拟现实设备。

　　我们不妨将虚拟现实设备按功能分为两个板块：其一是为了满足沉浸式全景影像观看体验的VR视觉板块，例如头戴显示器、球幕投影设备等；其二是其他感官体验增强板块，例如VR操作手柄，手柄等触觉、压力反馈装置、全向跑步机、运动追踪系统等。通常VR影像设备需要满足视觉上的全景沉浸式体验，在此基础上再进行其他功能的配套或集成，形成具体的VR体验设备系统。

　　以功能为导向的分类方式能够协助我们把握不同VR设备在使用体验上的侧重点，在创作过程中也便于创作者满足特定作品的实际创作需求，例如将作品发布在怎样的平台上，是否需要配套其他感官增强设备等具体问题。笔者从简到繁地将当前常见的虚拟现实设备进行分类介绍。

一、手机嵌入式头戴显示器

　　从要满足全景观看功能出发，成本最低也最便捷的解决方案应当是谷歌2014年推出的Card Board为代表的手机嵌入式VR头显。这类产品以手机为显示设备，配合应用程序将画面分屏显示，以此获得沉浸式的3D立体视觉效果。彼时被称为VR元年的2016年尚未到来，谷歌的VR眼镜盒子以极低的成本门槛迅速将VR视频的概念在世界范围内普及开来。Card Board制作成本非常低廉，让任何人都可以根据谷歌公开的图纸制作一款属于自己的VR头显，对VR技术的普及助益非常大。2016年年初Card Board就实现了500万套的销量；到了2017年，谷歌一共对外销售了1 000万套谷歌纸板，相关应用软件总计被下载了1.6亿次。

　　然而嵌入式的VR头显逐渐退出历史舞台，究其原因，设备本身受限于手机本身算力、软件平台局限、当时主流的LCD手机显示屏对视力危害较大，低廉的制作成本对应着简陋的硬件，很多用户表示玩了不到5分钟，就会开始头晕，需要休息一会才能继续玩。而彼时PC+VR与一体式VR等更具竞争力的产品又相继推出。谷歌公司本身也由于将研发方向局限于基于手机的嵌入式头显设备而过早退出了VR设备的竞争赛道。

　　就目前使用情况而言，嵌入式头显设备所提供的虚拟现实体验与其他类型的虚拟现实设备相比缺乏竞争力，仅由于其成本低廉的特性，在某些营销案例中作为广告噱头与赠品来提升消费者注意力。例如2016年，麦当劳为了庆祝开心乐园套餐30周年，在瑞典范围内推出了Happy Goggles（图2-1），其实就是将VR眼镜盒子与薯条盒相结合，在瑞典备受好评，然而一些家长基于其对儿童视力损害的风险对此表示强烈反对。总的来说，尽管体验效果欠

图2-1 麦当劳Happy Goggles

资料来源: https://www.pinterest.es/pin/52143308 8164084274/.

佳，嵌入式头显以其百元级的亲民售价帮助许多用户第一次体验到VR影像。

二、外接式VR头戴式显示器

上文提到的嵌入式头戴显示器（HMD），由于其以手机作为算力来源，导致用户在观看全景内容时体验不佳，这些问题包括成像画质不高、无法捕捉用户头部运动数据等。并且嵌入式的头显仅仅是在播放预先制作好的VR投影，并不能让用户与虚拟环境中的内容进行直接交互。基于PC的VR头戴显示器较好地解决了这一系列问题。

PC作为消费级电子设备中算力最高的一类，在用户中的普及度也是最高的，以高性能的PC作为算力来源，一定程度上降低了这类头显的消费门槛。在画面显示方案的配置上，这类头显真正具备了属于自己的内置显示器，提供更高清的画质并降低对用户眼睛的刺激。随之而来的缺点是重量的增加以及便捷性的丢失，脱离PC与固定电源便无法运行。

Oculus VR（现Meta Platforms）在2016年3月推出了首款消费级PC-VR头显Oculus Rift，它标志着现代VR技术的商业化起点，提供高质量的沉浸式体验。Oculus Rift具备高质量的显示器和内置音频系统，提供优质的视听体验，除了基础的视频显示功能，该设备还对大量游戏和应用程序兼容。Oculus Rift配备了Oculus Touch控制器提供自然和直观的交互体验。交互接口的添加使得基于VR的互动影像作品与游戏的制作开发环境得以拓展，这种参与感的加持是VR影像给用户带来沉浸感的进一步提升。

Oculus Rift使用外部传感器（Constellation追踪系统）来追踪头显和控制器的位置（图2-2）。这需要用户将传感器放置在玩家周围的空间中。在实际体验中，用户在静止状态下的头部运动追踪效果尚可，若

图2-2 Oculus Rift与配套传感器

资料来源: https://3dnews.ru/assets/external/illustrations/2019/02/06/982337/12.jpg.

图2-3 用户使用HTC Vive进行交互体验

资料来源: HUSAIN S.HTC Vive boss talks about the new emerging middle ground of VR[OL].[2017-06-03]. https://www.wareable.com/vr/htc-vive-boss-new-vr-middle-ground-daydream-2818.

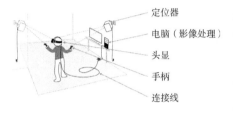

定位器
电脑（影像处理）
头显
手柄
连接线

图2-4 HTC Vive基站追踪原理示意图

资料来源: https://decortut.ru/vive-base-station-channels-k.html.

图2-5 VR绘画

资料来源: MART.Top 80 Educational VR Games[OL]. [2023-12].https://futuclass.com/blog/educational_vr_games/.

要扩大追踪范围，需要额外购买传感器。

在Oculus Rift发售仅一个月后的2016年4月，又开始发售HTC Vive。HTC Vive是一款高端PC-VR头显，由HTC与Valve Corporation合作开发。HTC Vive具备更高分辨率显示器和高刷新率，提供清晰流畅的视觉体验（图2-3）。与Oculus Rift不同，它采用了SteamVR Tracking技术（也被称为Lighthouse追踪系统），使用基站来追踪头显和控制器。这允许更大范围内的精确追踪，为室内定位提供了良好的支持，能够追踪用户在物理空间中的移动。

在基站的涵盖范围内，用户可以进行较大幅度的运动（图2-4）。该系列的后续产品HTC Vive Pro还可以通过增加基站数量的方式提升追踪范围与准确度。此时，HTC Vive比Oculus Rift拥有更高的性能，但也具备更大的重量与更高的价格。

视觉体验与交互接口的拓展，使得虚拟仿真、VR绘画（图2-5）等一系列需要进行强交互等VR影像产品得到发布，VR体验设备不再只作为用户端的体验设备，同样也在成为一种新兴的创作设备，在艺术创作、技能培养等方面拓展新的可能性。

同年，索尼也发布了自己的虚拟现实头戴式显示器设备（PlayStation VR，PSVR），PSVR首次在2014年作为Project Morpheus公布，最终产品于2016年10月正式发售。PSVR的推出旨在为家庭用户提供负担得起的高质量VR体验，利用PS4的硬件能力带来沉浸式游戏和娱乐内容。

PSVR使用PlayStation Camera进行位置追踪，这款相机能够追踪头显上的LED灯以及PlayStation Move控制器或DualShock 4控制器的位置和运动。这支持了头部的移动追踪和简单的手部交互。PSVR头显设计考虑到了长时间佩戴的舒适性，采用了一种平衡重量分布的设计，并配备了一个易于调节的头带。头显内部还设有一个可调节的距离调节机制，以适应不同用户的瞳孔间距（Interpupillary Distance，IPD）。

有PS平台早先奠定下的开发环境基础，PSVR得到了众多游戏开发商和内容创作者的支持，拥有包括《阿斯托机器人：救援任务》《生化危机7》和《天空之城》等独家及第三方游戏。除了游戏外，PSVR也提供了一些非游戏的VR体验和应用程序，如虚拟旅行和教育应用。因此在平台兼容性上，PSVR要弱于PC。

虽然PSVR提供了一个相对于其价格而言十分出色的VR体验，但它也有一些技术和性能上的限制，主要由于它依赖于PS4硬件。这些限制包括相对较低的分辨率、追踪系统的局限性（特别是在复杂的光线条件下），以及处理能力限制，这可能影响到一些图形密集型应用的表现。

这三款VR设备的密集发布，也是2016年被称为VR元年的原因之一，后续的头戴式显示设备基本上也沿用了这一套解决方案。但这种方案也存在明显短板：设置复杂，需要一定空间进行室内追踪；相对较重，长时间使用可能不够舒适。

从实际应用的角度出发，这套方案不仅可以用于VR视听作品观看与游戏体验，在产品展示、教育培训等方面也存在广阔开发前景。

三、一体式VR头显系统

在一体式头显领域，Meta Quest 2（原Oculus Quest 2）与HTC Vive Focus 3均以其独树一帜的特性和卓越的技术实力，成了一体式VR头显的佼佼者。Meta Quest 2自2020年秋季面市以来，便以其无与伦比的性能、用户友好的操作界面以及丰富多彩的内容生态圈，赢得了广泛赞誉。它所搭载的高通骁龙XR2平台，不仅提供了强大的处理能力，而且配备的高分辨率显示屏和高达120 Hz的刷新率，共同营造出了一个清晰且流畅的视觉体验。无论是挥舞光剑于 *Beat Saber* 中切割音乐节拍，还是在 *Vader Immortal* 系列中深入探索星球大战宇宙的神秘角落，Meta Quest 2均能提供沉浸感十足的体验。此外，其先进的四摄像头追踪系统和经过重新设计的Oculus Touch控制器，极大地增强了用户的动作捕捉精度，从而丰富了交互体验。

相较而言，HTC Vive Focus 3则以其专业的定位和先进的技术规格，在企业市场中占据一席之地。它同样采用了强大的骁龙XR2芯片，并在显示技术上更上一层楼，单眼2 448 × 2 448像素的分辨率在同类产品中处于领先地位，90 Hz的刷新率确保了无缝且平滑的图像展示。这样的超高清显示效果，特别适合那些对图像细节有着极高要求的应用，如医学仿真、建筑可视化以及精细的工业设计等场景。Vive Focus 3在设计上也充分考虑了用户的舒适度，其重量平衡设计和可调节式头带，使得用户即便长时间佩戴也不会感到有负担。

一体式头显的追踪系统通常基于头显外侧的摄像头，通过多个摄像头对于用户所在场景的图像的实时解算，确定多个参照点，并根据这些参照点的移动来确定用户当前的位置（图2-6）。

图2-6 一体式VR追踪系统原理图

资料来源：TUSHAR S.Google, HTC, And Lenovo To Launch Standalone VR Hearsets[OL].[2017-05-20]. https://
techviral.net/google-htc-lenovo-launch-standalone-vr-headsets.

将一体式VR头显如Meta Quest 2和HTC Vive Focus 3与传统的基于PC的VR头显进行对比，其便捷性的优势尤为明显。传统的VR头显，如Oculus Rift和HTC Vive，虽然提供了优秀的VR体验，但它们依赖于连接高性能的PC，不仅安装过程烦琐，而且限制了用户的移动自由。相反，一体式VR头显解放了用户，无需外部线缆或传感器，开箱即用，让用户可以随时随地沉浸在虚拟世界中。这种无拘无束的体验，是传统基于PC的头显所无法比拟的。这种自给自足的特性，也使得Meta Quest 2和HTC Vive Focus 3成了虚拟现实技术普及过程中的重要里程碑产品。

在达成基础的全景影像观看的基本功能的情况下，头显设备还充分利用了其左右眼分屏显示的先天性技术特征，利用双眼影像呈现时的轻微角度差异，直接在头显中还原了3D电影中才能体验到的3D立体效果。这种3D立体式的呈现相对于人们观看以全景投影为素材制作的VR影像时的沉浸感有明显提升。一般来说，一些头显可以通过后期解算素材的方式达成3D效果体验，这种设置通常可以手动选择，开启3D效果可能会导致一些用户产生轻微眩晕感。此外，在一些电影级的制作流程中，制作组会选用多台电影摄像机（例如红龙）组合而成的全景摄像机，这类相机通常在一个方向放置两台相机以模拟人的双眼，基于这类拍摄方案制作的3DVR视频在观感上更加逼真立体。

四、其他感官增强系统

随着VR技术的迅速发展，用户对于沉浸式体验的需求日益增长，不再满足于单纯的视觉和听觉刺激。在这一背景下，各类感官增强设备应运而生，它们旨在通过模拟触觉、嗅觉等更多感官体验，将用户更深入地带入虚拟世界。

（一）触觉反馈服装与手套

Teslasuit由英国公司VR Electronics Ltd.开发，是一款全身触觉反馈服装，旨在模拟虚拟环境中的触觉感受，从轻微触摸到重击，甚至温度变化和感受到雨滴落在皮肤上，都能够通过这套服装来体验。它不仅包含了动作捕捉功能，还内置了生物测量系统，能够监测用户的心率、体温和压力水平，极大地增强了虚拟环境中的沉浸感和交互性。除了游戏和娱乐，Teslasuit还被广泛应用于身体训练和康复、虚拟社交互动以及专业训练模拟等领域（图2-7）。

图2-7　Teslasuit
资料来源：https://www.pinterest.co.uk/pin/551268810637063115/.

与之相似，HaptX Gloves由美国公司HaptX Inc.开发，这些高级触觉手套通过微流体技术提供精确的控制和反馈，使用户能够在虚拟和增强现实中以极其自然的方式进行手势和动作控制。手套能够对每个手指施加高达5磅（1磅≈0.454千克）的力量，模拟持物的压力和阻力，通过精确追踪用户手部的运动和手势，使得用户与虚拟环境的互动更加自然和直观。HaptX Gloves在机器人远程操作、医疗培训模拟、设计和原型制作以及工业和军事应用的虚拟现实训练模块等多个领域中得到应用（图2-8）。

图2-8　HaptX Gloves
资料来源：http://armstroy-perm.ru/dk2-vr-k.html.

（二）气味生成器

虚拟现实中的气味生成器，虽然还处于起步阶段，但其增强VR体验的潜力不容小觑。OVR Technology等公司正处于将气味整合到VR体验中的前沿，他们的设备能够结合不同的气味胶囊来创建广泛的气味范围，从花香到烟草或火药味等。这项技术设计用于与视觉和听觉刺激同步释放气味、增强虚拟体验的真实感，为用户提供了一个更加全面和深入的虚拟体验。

（三）全向跑步机

全向跑步机如Virtuix Omni 和迪士尼推出的HoloTile（图2-9），为用户提供了在虚拟环境中自由移动的能力，这是一种革命性的步行模拟技术。用户可以在保持原地的同时，通过身体动作在虚拟世界中移动，这种物理移动的模拟，相比于传统的VR体验，极大地增加了沉浸感和现实感。Virtuix Omni通过一个低摩擦的平台和特制的鞋或鞋套，使用户能够在保持原地的同时，通过身体动作在虚拟世界中移动。而迪士尼的HoloTile 则被官方描述为全球首款可以支持多人、全向移动的模块化、可扩展的虚拟现实跑步机地板，它允许用户戴上VR头显，自由行走于虚拟环境之中，无论怎么走都不会超出实际空间或与现实世界碰撞。

图2-9　迪士尼HoloTile
资料来源: BORJA C. Holo Tile Floor, la cinta para moverte y jugar en Realidad Virtual que parece sacada de la película Ready Player One[OL].[2024-01-22].https://elchapuzasinformatico.com/2024/01/holo-tile-floor-cinta-correr-vr/.

这些感官增强设备的出现，不仅使虚拟世界的体验更加丰富和多样，还拓宽了VR技术在游戏、娱乐、教育训练、心理治疗和社交互动等多个领域的应用。通过模拟触觉、嗅觉和运动，它们为用户提供了一个更加全面和深入的虚拟体验，满足了用户对于沉浸式互动的追求。

随着技术的不断进步和创新，未来这些设备在VR领域的应用将更加广泛。然而，这些设备的普及和发展也面临着成本、技术和用户接受度等方面的挑战。如何在保证体验质量的同时降低成本，简化设备的使用，将是未来发展中需要解决的关键问题。

五、全景投影

在本章概述中提到，在20世纪90年代除了头戴式显示方案得到发展，还有一个虚拟现实体验的解决方向：基于环形显示屏与视角追踪技术的沉浸式虚拟现实环境CAVE（图2-10）。CAVE系统之所以被归类为虚拟现实显示系统，是因为它具备外置的追踪系统来实时调整画面以匹配用户的视角，其原理类似当前的基于LED屏的虚拟制片方案。然而这需要价格高昂的追踪设备，作为一套虚拟现实体验系统，CAVE并未得到大面积推广。而单独的全景投影不需要观看者佩戴任何外置设备，相较于CAVE，它对场地设备要求较低，且难以实现复杂交互，全景投影仍然难以作为消费级的解决方案得到推广。需要明确的是，单独的全景投影并不属于虚拟现实，但它确实能为用户带来一种类似于虚拟现实的体验。

Igloo Vision和Panorama Dome是两种创新的全景投影设备，它们通过不同的技术手段为用户提供了沉浸式的视觉体验。这些设备在VR技术的应用领域中展示了其独特的价值，尤其是在集体观看和互动体验方面。

Igloo Vision设计了一种全景投影圆顶，能够在圆顶的内部360°全方位地投影视频内容（图2-11）。这种技术利用了多个投影仪和特制的软件，将不同的视频信号合成为一个连续的全景图像，并投影到圆顶的内壁上，从而创造出一种包围式的视觉体验。Igloo Vision的应用非常广泛，包括教育、企业培训、娱乐活动以及大型事件的展示等场景。例如，在一个企业培训中，参与者可以进入一个由 Igloo Vision 创建的虚拟环境中，进行团队建设活动或者学习新的工作技能，这种沉浸式的体验能够极大地提高学习的效率和参与度。

Panorama Dome 提供了一种沉浸式的全景观影体验（图2-12）。通过环境投影技术，观众可以感觉到自己仿佛置身于影像之中。这种技术通常涉及高清的全景内容制作和大型的穹顶结构，在穹顶内部利用环形投影技术展现全景影像。Panorama Dome 被广泛应用于博物馆、科技展览、艺术表演和公共教育活动中。例如，在一个科技展中，观众可以进入 Panorama Dome 中，观看关于太空探索的全景影片，这种体验不仅增强了观众的现实感，还促进了用户的互动和学习兴趣。

Igloo Vision 和 Panorama Dome 这样的全景投影设备在提升虚拟现实体验方面发挥了重要作用。它们通过创造包围式的视觉环境，使得用户能够全身心地投入虚拟世界中，这种沉浸式体验在很大程度上增强了用户的感官感受和情感参与。这不仅为集体观看和互动提供了新的可能性，也拓宽了虚拟现实技术在教育、培训和娱乐等多个领域的应用。

随着技术的不断发展和创新，未来将有更多的 VR 设备和应用场景被开发出来，进一步拓展虚拟现实的可能性。Igloo Vision 和 Panorama Dome 这样的设备展示了将高度沉浸式的体验引入公共和教育领域的巨大潜力，预示着未来虚拟现实技术将在提供更加丰富和深入的用户体验方面迈出更大的步伐。

图2-10 Igloo CAVE 系统
资料来源：https://www.igloovision.com/products/technology/igloo-caves.

图2-11 Igloo Vison 全景投影
资料来源：https://www.comunicae.es/nota/llega-a-espana-igloo-vision-experiencia-de-1204618/.

图2-12 Panorama Dome 示意图
资料来源：https://quickspace.de/panorama-dome/.

第三节　应用案例分析

通过对现有虚拟现实作品与体验设备进行分类，有利于我们从创作者的角度出发，灵活运用这些工具已达成良好的沉浸式体验效果。值得一提的是，为了使VR影像的体验效果达到最佳，在一些案例中，创作者还会利用其他工具或布置特定现场条件，协助观众在感官沉浸的基础上加深对作品的移情。

一、VR电影与交互艺术装置的组合《肉与沙》

2017年，首个获得奥斯卡特别奖的VR装置艺术作品《肉与沙》就是一个案例。《肉与沙》作为一种革命性的VR装置艺术作品，由亚利桑德罗·冈萨雷斯·伊纳里图导演，通过其独特的体验设计，巧妙地增加了观众的沉浸感，将虚拟现实技术和艺术表达的结合达到了前所未有的高度。

这部作品通过一系列精心设计的体验环节，如背包式的VR主机、体验场地的沙地设计以及拖鞋等，使得观众能够在身体和感官上深入地融入作品。背包式VR主机的使用，不仅释放了观众的活动空间，让人们能够自由地在沙地上行走，而且也增强了虚拟体验的真实感。沙地的设计，让观众的每一步都能感受到沙漠的质感，进一步模糊了虚拟与现实的界限。此外，要求观众脱鞋体验的设计，不仅仅是为了保护沙地场景的真实感，更是通过这种肢体上的小改变，让观众在心理上准备进入一个完全不同的世界。这种虚实相生的处理方案，成了《肉与沙》增强观众移情效果的增幅器（图2-13）。

图2-13　《肉与沙》用户体验现场

资料来源：JANIRA G.Alejandro G. Iñárritu gana un Oscar especial por "Carne y Arena" [OL].[2017-11-13].

https://www.france24.com/es/20171112-inarritu-oscar-carne-arena-mexico.

《肉与沙》的叙事内容聚焦于穿越美国边境的移民经历，通过沉浸式的虚拟现实技术，让观众以第一人称的视角体验移民的艰辛与挣扎。这种体验方式使得观众不再是旁观者，而是以一种身临其境的方式，参与这段跨境之旅中。作品中的沙漠环境、移民的形象、边境巡逻的紧张氛围，以及伴随而来的声音效果，共同构建了一个极具冲击力的叙事空间。

《肉与沙》之所以能够获得奥斯卡特别奖的认可，不仅在于其在现实装置与虚拟技术结合方式上的创新，更在于作品通过虚拟现实技术，深刻地探讨了当下社会的一个重要议题——移民。这部作品不仅是对VR技术在艺术领域应用的一次突破，也是对现实世界中人类共同面临的问题的一种深刻反思。

总之，《肉与沙》通过其独特的体验设计，不仅为观众提供了一种全新的艺术欣赏方式，更是开辟了虚拟现实技术在叙事艺术中的新路径。它让我们看到，VR技术不仅有能力创造出沉浸式的娱乐体验，更重要的是，它也有能力成为探讨和反映社会问题的有力工具。

二、VR剧情片《家在兰若寺》

技术的创新发展并不代表着一定要在作品中强调技术带来的体验性，在影像创作中选择合理的技术手段，结合VR本身的影像特性，创作出适合内容的作品形式才是关键。例如VR影片《家在兰若寺》，全片仅使用8K画质以增强体验感，而在影片语言处理、剪辑方式上都展示出了导演蔡明亮的独特构思，与传统的VR作品给观众带来的惊险、刺激、动感的印象不同。这部影片通过一种静态的"凝视"视角，讲述了一个发生在山里养病的小康和他唯一可以诉说心里话的鱼之间不可思议的爱情故事，颇具魔幻色彩。影片的制作和呈现方式及其艺术价值，体现了VR技术在电影领域的创新应用。

《家在兰若寺》挑战了传统电影的剪辑观念。在VR环境中，观众可以自由选择观看的方向和焦点，这在一定程度上将剪辑的权力转移给了观众自己。这种观影模式的转变，使得每个观众都能有着独特的体验和感受，从而使得蔡明亮导演的艺术理念得以更深层次地传达。

摄影机的位置也极具创意，能够让观众感受到与众不同的视角。不论是置于房间一角，还是放在浴缸中，这些独特的摄影机位置都让观众仿佛置身于影片的场景之中，增强了观影的沉浸感和代入感。这种方法的运用，展示了VR技术在电影语言上的新探索，为未来的电影创作提供了新的可能性。

《家在兰若寺》不仅是一次技术上的尝试，更是一种艺术表达。蔡明亮导演利用VR技术，成功地将他独特的电影语言和审美观念融入这个新的媒介之中。影片中的"凝视"不仅是对角色内心世界的深入探索，也是对观众自身情感的一种触动。通过这部作品，蔡明亮导演不仅向我们展示了虚拟现实技术在电影艺术中的巨大潜力，也提出了关于未来电影发展方向的思考。如何利用VR影像进行有效的叙事，也是本书在下一章节中要谈论的重点。

三、VR纪录片《云端漫步》

克里斯·米尔克（Chris Milk）和加布里埃尔·利珀曼（Gabriel Lippman）执导的VR纪录片《云端漫步》（Clouds Over Sidra）通过讲述一名12岁叙利亚难民营女孩Sidra的日常生活，为观众提供了一个前所未有的沉浸式体验，使人们能够以全新的视角理解和感受全球难民危机（图2-14）。

图2-14 《云端漫步》剧照（360° 全景展开图）
资料来源：https://www.youtube.com/watch?v=FFnhMX6oR1Q.

《云端漫步》之所以能够深刻地影响每一位观众，关键在于其利用VR技术所提供的沉浸式体验。与传统的视听媒介相比，VR技术让观众仿佛置身于叙事空间之中，这种身临其境的感觉极大地增强了观众的移情能力。通过360°的视角，观众可以跟随Sidra走进她的帐篷、学校和游戏场所，感受她的孤独、希望和梦想。这种全方位的情感共鸣，远超过文字和平面影像所能达到的效果。

《云端漫步》还是对VR纪录片叙述方式的一次探索。它突破了传统纪录片的叙事框架，采用了更加直接和个人化的叙述手法，让观众能够与片中人物产生直接的情感联系。这种叙述方式的创新，不仅为难民题材的纪录片开辟了新的路径，也为未来VR纪录片的制作提供了宝贵的经验。

四、交互式VR剧情片《墙壁里的狼》

《墙壁里的狼》（Wolves in the Walls）是一部基于尼尔·盖曼（Neil Gaiman）同名儿童图书改编的VR体验作品。这部作品由Fable Studio开发，不仅因其独特的叙事方式和丰富的交互设计受到了广泛关注，而且因其在虚拟现实领域的创新实践而被视为里程碑式的作品。

它不仅展示了VR电影在沉浸感与体验感方面的巨大潜力，而且还彰显了一体式交互设备在提升叙事体验中的关键作用。通过深度的交互设计，这部作品成功地将VR电影与VR游戏的元素融合，为观众呈现了一场前所未有的视听盛宴（图2-15）。

《墙壁里的狼》通过其创新的交互设计大幅增强了观众的沉浸感和体验感。在这部VR电影中，观众不再是被动的信息接收者，而是变成了故事的积极参与者。观众可以

图2-15 主角为观众"画上"双手
资料来源：周雯，刘维伊. 虚拟的"真实"：由《墙壁里的狼》观照VR影像的交互叙事话语[J]. 电影评介，2022（1）：1-6.

图2-16 剧情中与狼群战斗的交互环节
资料来源：周雯，刘维伊. 虚拟的"真实"：由《墙壁里的狼》观照VR影像的交互叙事话语[J]. 电影评介，2022（1）：1-6.

通过头显和手柄与虚拟环境中的元素进行直接互动，比如帮助主角露西寻找线索[7]。这种互动不仅让观众感到自己是故事不可或缺的一部分，而且还使得每个人的体验都是独一无二的，因为每个人的互动选择和方式都会略有不同。

头显和手柄的使用，进一步增强了参与者这种沉浸式体验。头显让观众能够在360°的虚拟环境中自由转头观看，而手柄则允许他们在这个虚拟世界中"触摸"和操作对象。这种物理层面上的交互不仅使观众的体验更加真实，也极大地提升了故事的吸引力和参与感。通过这些交互设备，观众能够在虚拟世界中进行探索和发现，就像真正置身于故事之中一样（图2-16）。

《墙壁里的狼》不仅是一次对VR电影叙事方式的探索，也是VR电影与VR游戏融合的一个典范。在这部作品中，游戏元素被无缝地融入故事之中，如通过手柄操作的"光剑游戏"环节，不仅增加了观影的趣味性，也为故事情节的发展增添了新的维度。这种融合不仅展示了VR技术在叙事上的灵活性，也为未来的VR内容创作提供了新的思路和灵感。

五、VR游戏《半条命：爱莉克斯》

《半条命：爱莉克斯》（*Half-Life: Alyx*）不仅是游戏界一颗璀璨的明珠，更是VR游戏发展史上的一个重要里程碑。作为"半条命"系列的最新作品，这款游戏利用VR技术为玩家提供了一个前所未有的沉浸式体验。在《半条命：爱莉克斯》中，玩家不仅是故事的观察者，更是其中的参与者和推动者，这一点彻底改变了传统游戏与玩家之间的互动模式。

《半条命：爱莉克斯》以其独特的叙事方式，为玩家呈现了一个丰富且引人入胜的故事世界。游戏背景设定在《半条命》和《半条命2》之间，玩家扮演的是反抗军成员爱莉克斯·万斯，她为了对抗残暴的外星帝国"联合军"而踏上了一段危险的旅程。

7　周雯，刘维伊. 虚拟的"真实"：由《墙壁里的狼》观照VR影像的交互叙事话语[J]. 电影评介，2022（1）：1-6.

图2-17　玩家正在体验《半条命：爱莉克斯》
资料来源：https://technology.youtubers.club/2019/12/half-life-alyx-hands-on-tested-on-8-vr.html.

与传统的线性叙事不同，《半条命：爱莉克斯》通过VR技术，让玩家真正融入故事之中，体验每一个细节，感受每一种情感。《半条命：爱莉克斯》同样展示了VR游戏与VR电影融合的巨大潜力。这种沉浸式的叙事方式大大增强了故事的代入感，让玩家在每一个决策和动作中都能感受到自己对故事走向的影响。

游戏的交互设计是《半条命：爱莉克斯》另一个突破。通过利用VR头显和手柄，玩家可以在虚拟世界中自由行动，与环境中的物体进行互动，甚至可以通过手势来操控魔法或使用武器。

游戏切实创建了一个基于科幻想象的虚拟现实设计，并支持玩家进行实时交互探索。这种精细的交互不仅提升了游戏的真实感，也给解决谜题和战斗带来了更多的可能性。例如，玩家可以通过手势抓取远处的物品，或是在空中绘制符文来施放魔法。这些交互设计不仅让游戏过程更加流畅，也极大地丰富了玩家的游戏体验（图2-17）。

《半条命：爱莉克斯》在追求沉浸式体验方面可谓是尽善尽美。游戏精细的画面、逼真的环境音效以及紧张刺激的战斗，每一个元素都让玩家仿佛置身于一个真实的世界。更重要的是，VR技术让玩家的每一个动作和决策都能即时反映在游戏中，这种交互性和即时性大大提高了玩家的沉浸感。从开门、装填枪械到解谜，每一个动作都需要玩家亲自完成，这种参与感和真实感是传统平面游戏所无法比拟的。一些游戏玩家甚至将现有的VR手柄与定制模型进行结合，组成模拟枪械等在手感上更接近现实的外设设备。

随着VR技术的不断进步和完善，我们有理由期待，未来将有更多像《半条命：爱莉克斯》这样的作品出现，为我们带来更加震撼和难忘的体验。

3

第三章　虚拟现实影像感知觉的初步研究

与传统被动地通过视觉观看银幕接收信息不同，在理想的 VR 技术条件下，人们可以在 VR 影像环境中得到和现实世界几乎相似的感知体验，体验者通过头戴显示设备进入 360°全景环境之中，依托组合手柄和运动追踪技术进行沉浸式观看和不同程度互动体验。这种"越界"体验打破传统影像银幕边框，使体验者感受到被影像包裹、身临其境于 VR 影像世界中的体验。在感知上替代和重构现实世界，形成强大的沉浸感和应用价值，也是它与传统媒介有根本区别的重要之处。

"越界"不仅改变了 VR 的观影形式，也带来 VR 观演关系的改变，重塑了 VR 体验者与影像世界的关系。可以说，边框的消失是人类创造以影像为基础的虚拟世界的前提和最重要的基础。"越界"给体验者带来了知觉转向和影像认知转变。

本章主要从影像呈现载体和形式的演变入手进行理论关联的论述，如建立在蒙太奇理论上的"画框论"、长镜头电影本体下的"窗口论"，一直到 VR 影像的"无界观"，再进一步讨论影像的视觉边界重塑对于打破观影审美心理定势、满足人们对立体感的向往、扩充技艺空间的需求等的影响。VR 影像为视觉冒险体验提供了丰富多元的空间环境，瓦解了传统影像中的时空限制，提供情感寄托、为人们开辟新的"生存空间"和社交体验，并在一个全新的无界虚拟空间完成对现实空间中的相关缺陷的修补。

第一节　银幕观的发展和"边界"的消失

电影到底是什么？这一问题从其诞生之初便存在。电影理论学家们也给出了自己的解读："爱森斯坦说，它是旨在建立含义和效果的画框；巴赞说，它是面向世界的窗户；米特里说，它既是画框，又是窗户。精神分析学则提出一种新的隐喻，说银幕是一面镜子，这样艺术对象便由客体变为主体。"[1] 可见，不同的银幕观念映射着对电影的不同认知。

本节概括了世界电影理论史发展总体脉络的两种银幕观——"画框论"和"窗户论"。并从这两种不同的银幕观念入手，分析不同阶段中银幕之于电影影像的重要性及与 VR 影像的关系，同时分析当下 VR 影像的"越界"银幕观对体验者的认知产生了什么作用，并试图推理出 VR 影像的银幕观。

一、建立在蒙太奇理论上的"画框论"

在 VR 影像中，并不存在创作意义上的画框，传统电影中针对性的"画框创作经验"并不适用于 VR 影像环境。电影画框源自美术创作中使用的"画框"，在视觉效果上看起来是一个有形的、封闭的四边框，影视作品的画框意味着镜头的取景框。电影画框是电影银幕观的一种建立在蒙太奇理论基石之上的观点，爱森斯坦把镜头取景形容为"对象与人们观察它的角度和从周围事物中截取它的画框之间的相遇"[2]，强调导演赋予影片意念和思想。

受弗洛伊德精神分析学说"升华"观念和象形字、会意字的启发，爱森斯坦提出了蒙太奇"冲突论"，他认为"镜头是蒙太奇的细胞""蒙太奇是撞击，是通过两个给定物的撞击产生思想的那个点""镜头内部的冲突是——潜在的蒙太奇，随着力度的加强，它便突破那个四角形的细胞，把自己的冲突扩展为蒙太奇片段之间的蒙太奇撞击"[3]。他强调蒙太奇不仅有情感张力，更有理性功能。创作者可以借助蒙太奇手法，有效引导观众理解影片想要传达的主题。这有助于影片产生启发教育的力量，实现影片的教育和启发作用。

VR 影像的出现打破常规画框论的银幕概念，不再完全遵守"画框论"下的视听语言和叙事手段，对蒙太奇理论进行了消解。在虚拟现实环境中，体验者有着属于自己的特定视点并可以任意调换视角。不同于传统电影中确定的拍摄机位，VR 影像的摄影机调度权力交给了每一个体验者自己，这样的"自由"带来的是：蒙太奇被取消了。

1　李恒基，扬远婴.外国电影理论文选 [M].上海：上海文艺出版，1995.

2　爱森斯坦.蒙太奇论 [M].富澜，译.北京：中国电影出版社，2003.

3　爱森斯坦.蒙太奇论 [M].富澜，译.北京：中国电影出版社，2003.

一方面，VR影像提供近乎连续的视角镜头，大量消解了传统影片中的时间和空间跳跃。与蒙太奇具有目的性的剪辑相比，VR影像呈现出更接近观察现实的连续性。另一方面，VR影像消除了主观讲述的视角和信息量的限制。使用者完全置身其中，不再需要导演通过剪辑手段来裁减和重塑故事，这大大限制了蒙太奇作为叙事和"意谓工具"的应用。VR影像中没有了观众熟悉的正反打、跳切、最后一分钟营救等。同时，VR影像也弱化了蒙太奇作为创造冲突与张力的手段。全景的沉浸环境本身提供足够的体验张力，不需要通过故事叙述手法产生，这导致传统意义上的紧凑节奏已经不再被使用。值得说明的是，VR影像并未完全抛弃蒙太奇，但确实打破并消解了这一经典电影理论。

二、长镜头电影本体下的"窗口论"

在VR影像中，目前的场面调度往往使用长镜头，某种意义上，契合了安德烈·巴赞对长镜头美学的追求。基于对影像本体论的吸收和批判性借鉴，安德烈·巴赞提出了长镜头理论，构建出了一种与蒙太奇相反的电影语法。银幕外的世界蕴涵着无限可能性，但正是这样的"无限"，激发我们创造更多窗口的欲望。它不是单纯为了窥探外在的世界，而是为了敞开内在的想象力——银幕像一扇透明窗户一样指引观众通往无限广阔的现实空间[4]。

20世纪50年代，以巴赞为代表的纪实主义电影理论家，开始质疑"蒙太奇至上论"。他表示，"若一个事件的主要内容要求两个或多个动作元素同时存在，蒙太奇应被禁用"[5]，巴赞强调电影的连贯性和整体性、时间和空间的连续性，镜头捕捉对象时间和空间的连续性，才能真实地重现事件。根据电影是"现实的渐近线"这一理念，巴赞提出了他的"长镜头理论"，包括景深镜头理论、段落—景深镜头理论以及场面调度理论。他相信，长镜头和景深构图不只带来时空连贯，更能呈现空间构成中的层次质感。这样，影片所展现的不再是一个被解释和压缩后的现实，而是复杂重叠的空间世界。它保留了现实模糊性和不可知性的魅力，向观众展示事物在时间和空间上的真实格局，提供更多自由联想与思考的空间，揭示现实生活主体的自然流程。

巴赞"窗口"式理念代表着他对重现现实主义美学的追求，VR影像的银幕观在某种程度上继承了他的"窗口论"。首先，VR影像是天然的长镜头，长镜头追求连续不间断的视野与时间感，与VR影像沉浸的逼真感形成共鸣，其重现一段连续的经验的功能在VR影像中尤为突出，能够让体验者在多维的视点跳跃中沉浸于影像情境，在与数

4　玄莉群.媒介融合时代的电影"银幕"观 [J].当代电影，2021（12）：109-114.
5　巴赞.电影是什么？[M].崔君衍，译.北京：文化艺术出版社，2008.

字长镜头同行过程里不断进行心理现实建构[6]，这超越了传统电影能够达到的视觉效果。其次，VR的长镜头美学带来了慢节奏的叙事，契合了体验者认知的过程，能够让体验者在360°的全景空间中慢慢探索，避免产生注意负载的现象。再次，VR影像借助物理空间的透视感呈现真实感的空间，挑战传统空间形态，体验者的视觉逻辑需要重建。

通过"画框论"和"窗口论"，我们能够看到VR影像虽然消解了蒙太奇理论，但却更加精练地延续和重塑了长镜头再现真实感的本质逻辑，这是对传统影像银幕论的继承和发展。

三、超越现实的VR影像"无界观"

无界即无边框限制，体验者可以在VR影像空间中自由走动。VR影像的无界观将体验者从界外拉入了界内，打破了传统二维影像空间的局限，无限扩宽的世界成为现实的平行宇宙。

在VR影像语境下的空间是立体的、开放的、互动的，既包括场景、地方、景观元素的物理构建，也包含体验者和环境互动产生的心理感受。列斐伏尔（Henri Lefebvre）认为，空间应当包含物质空间、精神空间和社会空间[7]。依据此理论，VR影像的空间可以看作数字空间（故事发生的场所、地点、景观成分）、物理空间（身体所在的现实空间）、心理空间（知觉体验、情感介入、记忆、想象、审美）和社会空间（社会关系）的集合。

数字空间指的是影像发生的空间，存在两种可能性：对现实世界的复制或者依托作者的想象力创造的幻想世界。前者通常为三自由度的全景电影，利用全景摄影机拍摄的360°视频和电脑制作的动画影像，体验者置身于全景影像的中心位置。后者通常为六自由度VR影像，通过游戏引擎制作而成，体验者可以借助虚拟化身实现微动作，具有更强的具身性（图3-1）。

图3-1 六自由度VR影像体验

资料来源：JON F.Facebook reorganizes Oculus to further its long-term VR goals[OL].[2018-11-04]. https://www.devicedaily.com/pin/facebook-reorganizes-oculus-to-further-its-long-term-vr-goals/.

6　陈琳娜.数字长镜头的影像特征与美学嬗变[J].电影评介，2019（12）：61-64.

7　曲敬铭，杨鸥鹭.体验经济背景下的书店建筑空间设计研究[J].城市建筑，2021（1）：154-157.

　　物理空间指的是体验者身体存在的现实空间。VR影像中体验者的视觉和听觉体验来自数字空间，触觉、嗅觉则来自物理身体空间，身体运动知觉来自物理空间和数字空间二者的共同作用。例如"重定向行走技术"——在物理空间内通过真实行走探索大范围虚拟空间的技术[8]。在VR影像《全侦探2》中，这一技术使体验者以为自己在走直线，实际是在物理空间中转圈。虽然"重定向行走技术"还不成熟，但为体验者在有限空间中体验无限空间提供了一种可能性。

　　心理空间则是"寄情于景""触景生情"，空间总与情感相互关联。加斯东·巴什拉（Gaston Bachelard）在《空间的诗学》（The Poetics of Space）中指出，空间不仅是物质的容器，更是意识的栖息之所[9]。乔治·贝克莱（George Berkeley）认为空间是知觉和触觉感知的"深度"。"知觉、触觉等多种感知能力，进一步形成对空间本身的基本观念。"[10] VR空间是多模态感知的集合体，我们在感知环境（场景、色彩、大小、质感、物象、温度、运动等）的同时，产生综合知觉和认知。VR场景为情感意图的引入提供了绝佳的场所，体验者通过对虚拟空间的具身化探索，唤起记忆，产生情感共鸣，拓展认知。

　　社会空间指我们生活在关系集合的内部，而关系是社会空间的核心。VR影像借助空间讲故事，体验者扮演角色参与叙事，实现互动、建立认知、进行社会交往等。在多人参与的VR影像中，体验者们借助不同的虚拟化身共同创作社交叙事。如多人互动的VR作品《掉落的礼物》（The Under Presents，2019），进一步打破情感界限（图3-2）。

　　综上所述，VR影像的"无界观"不仅体现为边框的突破，同时，体验者还参与空间之中，交互内容、拓展具身认知和情感体验，在沉浸式体验中延续意义。

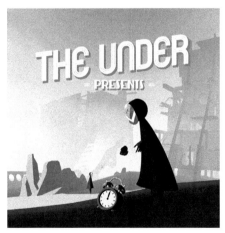

图3-2　VR互动作品《掉落的礼物》
资料来源：https://store.steampowered.com/app/1232940/The_Under_Presents/.

　　同时，传统电影银幕现在不断被消解，VR影像的银幕从有界拓展走向越界，观众的身体不再被禁锢在某个特定的位置，而是可以同时处在现实空间和银幕空间之中，获得一种"运动的虚拟凝视"[11]的体验。传统的电影银幕限制了人的身体运动，VR影像的出现打破了这一视觉性禁锢。与平面影像不同，VR技术的演进让电影的边界面临挑

8　李慧宇.虚拟现实中重定向行走方法的研究与应用[D].济南：山东大学，2021.

9　加斯东·巴什拉.空间的诗学 [M].张译婧，译.上海：上海译文出版社，2004.

10　陈晓辉.叙事空间抑或空间叙事[J].西北大学学报（哲学社会科学版），2013，43（3）：156-159.

11　玄莉群.媒介融合时代的电影"银幕"观[J].当代电影，2021（12）：109-114.

战，VR影像的出现和成熟开始影响我们的认知，新的科技拓宽了影像艺术自身的边界，传统银幕观的既有结构被解构，但也使得影像艺术取向变得更加多元化。

四、满足视觉需求，促进边界重塑

人类一直在追求美。从马斯洛需求理论来看，审美需要指人对美好事物的欣赏与对周遭事物秩序、结构、自然和真理等方面的心理需求。美是那些能够让人获得需求满足和愉悦反应的事物所具有的特性。审美需要是人的高级精神需求，属于人的心理活动层面。审美过程能够帮助人们认同自身存在的价值。同时，审美也是受人类本能驱使和冲动支配的一种需求。人们对美的追求往往超出了理性的范畴，人们尝试使用他们可以动用的一切手段来实现对美的追求，且不计成本。

从传统的绘画、雕塑、建筑，到先锋的装置艺术、媒体艺术，人们不断突破传统技术的界限，新的技术被不断用来拓展艺术疆土，以至于艺术的发展史简直就是技术发展史的另一种表现形式。人们对视觉美的追求催生了技术的发展。文艺复兴时期，对视觉审美需求的耕耘影响了透视法、线条与光影、画面构图等多方面艺术技术的革新和完善。

在影像艺术的发展过程中，依托于屏幕的二维观看方式，由于视角有限、无法展现全貌等客观缺陷，导致屏幕无法承载全部的艺术表现方式。在这种前提下，VR影像成为新的审美工具。从这个角度出发，VR影像边框突破是满足视觉多维需求的必然结果。

第一，打破边框破除了传统的观影经验与审美心理定势，实现审美领域自我实现的追求。自我实现需求，亦指在这一过程中不断得到满足的视觉需求。

第二，打破边框满足了人们对立体感的向往。平面画面欠缺视差信息，无法产生立体深度感知。打破边框后，图像才能模拟实际物体变化，创建具有立体感的空间。同时，矩形边框限制了视角，无法提供多维的视觉信息。失去边框后，图像才能根据需要展现各种角度。

第三，打破边框符合记忆空间的扩充需求。人脑天生渴望无边际的视觉探索，矩形边框形成一种记忆屏障。边框的消除，意味着视觉空间无限扩展，也更加符合人类认知机制。体验者置身于无界的影像环境中，通过视觉刺激更容易激发无限的联想，激发人对美与神秘的无限崇高情感。

五、冒险体验需要构建多元空间

马斯洛需求理论认为，生理需求是推动人们进行各种行动的首要动力。VR技术的跨领域应用能够辅助提升人类的本源需求。人类的本能中带有对未知事物的好奇，追求体验颠覆带来的激情与挑战。并且VR影像沉浸性、互动性、私密性等特点，使得冒险体验需求有着更好的体验效果。VR影像为上述的冒险体验提供了丰富多元的空间环境，瓦解了传统影像中的时空限制，实现该目标的前提之一是对边框的越界。

第一，突破边框满足全域空间感。VR影像需要给予体验者开阔的世界，在开阔世界的冒险需要覆盖玩家的整个视野，甚至产生被"包围"在其中的感觉，这促使生成覆盖全眼球视野影像的出现。超越物理空间，制造出任何想象力都能够达到的空间环境，是越界的VR影像为体验者提供的冒险体验。

第二，突破边框体现环境差异。冒险中不同类型的空间需要有明显差异感，从而展现环境与对象间的复杂关系。但传统电影中，环境变化往往有限，突破边框后，才能通过多维视角表现不同空间的独特性。

第三，突破边框打破时间的线性。VR影像不仅可以呈现静态画面，还能实现动态场景。无需遵循传统影片的线性叙事，而可以根据体验者的需求参与实现多线并进的时空拼贴。这超出了传统影像的不可逆时间规则。同时存在实现时空交错的可能性，VR影像可以叠加不同维度的时空场景，即便是存在的时空也可以被重塑。打破传统影像中时空的单一逻辑，提供新的体验方式。

综上所述，VR影像制造多元影像空间，给体验者带来新的冒险体验的同时，也正在瓦解传统影像中时空的线性、定性特性。不再局限于单一场所或故事，这不仅丰富了人们对时空的思考，也满足了人类对挑战和冒险的本能渴望。

六、提供情感需要，减少社交隔阂

当代社会，单向度人和原子化社会造成情感需求增加。情感需求是指人们在社交中希望得到相互关心和照顾的一种需求。单向度专注下，缺少社交的人际交流会造成孤独感、认同感缺乏以及增加自我怀疑感，在这种状况下，人们渴望更多的情感满足。而影像是永不凋零的花，与传统影像相比，VR影像能够提供更好的交互，因此有着更好的情感能量供给方式，主要体现在两方面。

一方面，VR影像能够提供情感寄托。体验者在虚拟世界中可以按照自己的需求选择"虚拟伴侣"（例如，伴侣的容貌是已经去世的老伴），并与之进行面对面交流。这种永不下线的陪伴将是人类无法拒绝、对抗孤独的终极武器（或是毁灭社交的终极武器）。但这种情感寄托也存在着一些伦理问题，永远的陪伴是奉献还是执念？当技术无限成熟，现代社会中人的情感需求是否得到真正的满足？

本书认为，VR影像能提供稳定的情感支持，呵护孤独的人，承担了一定社会责任。但同时完全依赖VR提供情感支持是一种不健康的执念，情感需要真实的反馈与交流才能成长。即使可以依靠无限成熟的VR技术提供情感支持，但真正情感层面的满足依然有赖于现实社交和情感交流。这是因为人类本就是需要联系他者和构建关系而存在的，技术和影像空间可以提供某种情感体验，但始终无法替代生命之间的相互依存。生命有其情感寄托的本源和逻辑：这来自自由意志的相遇与选择。

另一方面，社会会无可避免地出现阶层的划分，每一个人能够得到的尊重满足都与其在社会中的地位与等级密切相关。但实际情况是，人们往往希望获得比其实际社会身份更多的尊重，这在真实世界中是难以实现的。虚拟现实为人们开辟了另一个生存空间，体验者可以抛开现实世界中的身份、外貌、性别等属性，在"虚拟世界"中开启另一段人生。因此，VR技术也有助于社交平等、减少社交隔阂。

例如，在游戏VR Chat的社区中，体验者可以自由地设计、上传和选择化身，不仅可以以一个人物的形象呈现身体，也可以选择成为一片云或者一颗萝卜。这为社交互动时的印象管理提供了更多可能性。

无论是用户评论区、深度访谈还是参与式观察的结果，实证材料指出，大多数体验者选择VR Chat是为了寻找"新"朋友，建立区别于现实生活的人际关系网络。但他们中很多人却不敢在社区中打开麦克风通过语音进行交流；在试图结交新朋友时，不敢开口使他们更加依赖技术身体间的互动。通过对Steam平台上VR Chat的评论区文本和访谈材料进行分析后发现，VR Chat中很多体验者在现实生活中存在社交障碍或抑郁症等问题，这使得他们在社交互动过程中更容易产生恐惧情绪，影响其对语音交流的态度。有相当一部分体验者想要通过VR Chat社区来练习社交技能，建立新的良好的人际关系，借助交流和人际关系带来的正向情绪，达到驱赶孤独、稳定情绪和治愈心理等目的（图3-3）。

VR Chat社区也在官方介绍中强调，"许多用户表示，VR Chat帮助他们克服社交焦虑"（Many users report that VR Chat has helped overcome social anxiety）。在VR Chat中获得的代理社交经验可以反向影响用户在现实生活中的社交心理和行为。用户@KongP表示："VR Chat这个游戏就相当于一个小型社会，它能教给你如何和陌生人相处，在失败与磨练中不断成长。"这一系列动机和目的可以视为用户对社会化训练和社会融入的需求。

图3-3　VR Chat 画面截图
资料来源：ALLEN P. Facebook Spaces lets you hang out with friends in Virtual Reality[OL]. [2017-04-18]. https://pc-tablet.com/facebook-spaces-will-let-you-interact-with-friends-in-virtual-reality/.

第二节　虚拟现实影像中的多感官信息综合传达

传统电影以银幕为中心构建影像空间，视觉感知是观影体验的基础，直观"看"到的影像成为电影空间审美感知的基本出发点。在 VR 影像中，这种以"看"为主的知觉性被打破。影像空间走向立体化、互动化，观影行为也从"看"走向了"在"，观影行为模式更加强调身体感知的作用。由此，在 VR 影像环境中的影像表达手法和观影机制也有了新的改变。

一、"洞穴隐喻"和观看机制

VR 影像环境营造的"在场感"是其最独特的体验，其试图营造一个让体验者确信自己身处某个虚拟空间中的"真相"。不仅如此，VR 影像也挑战了传统电影语言。"沉浸"和"互动"渗透入电影近百年来所坚持的"叙事"模式。同时，VR 技术打破了"洞穴"式的观影方式，在"拟像"的虚拟影像空间下，新的影像形态可能会推动电影艺术进一步实现"完整电影"的愿景。

首先，"沉浸""交互"与"叙事"之间存在根本的张力。前二者往往需要打破线性叙事。相反，完整的故事主线仍是电影表达的主流途径。同时，"拟象"的虚拟世界虽然提升了视觉效果，但往往牺牲细节的复杂性与多层次性。过于直观的影像可能损耗电影寓言与象征的魅力。其次，VR 影像本可以讲述更加独特的故事，但可惜的是目前许多 VR 影像作品仍采用传统电影语言。新的视觉媒介更需要新的、原创的表达形式。VR 技术虽挑战传统电影艺术，但传统电影艺术的核心精神——复杂而富有层次的故事叙述仍将持续存在。VR 影像何时能形成完全独立的视觉符号体系，仍有待观察。

早在古希腊时代，哲学家柏拉图在其《理想国》第七卷中设想了一种"洞穴"囚徒的情境，颇具虚拟现实的意味。一群囚犯被关押在洞穴底部，周身被铁链牢牢锁住，头部亦不得转动。在其身后生起火堆，火与囚犯之间有着一堵矮墙，墙后不断有身影擦身而过，手执各式神形雕像，火光透过那些雕像，将其影子投射在囚徒面对的洞壁之上。长此以往，囚徒自然而然地认可了这种投射影像的真实存在，进而将投影与客观现实等同起来。如果某囚犯获得释放，得以自由地看清洞穴全貌，乃至走出洞穴，初试阳光的照耀，他的双眼会感到苦痛、内心会产生困惑，之前所建构的影像真实会令他对真正的世界产生巨大的质疑与不解。但随着时间的推移、观察的累积，他开始适应"洞穴"之外的新环境，对于何为真实、何为投影，作出二次判断，从而重新建构自身的认知观[12]。

洞穴隐喻意指我们就像洞穴里的囚徒，被日常的"现象"所包围，呈现给我们的现实不是最真实的。从认知角度出发，"洞穴比喻"展现了"认知遮蔽"的存在。人类

---

12 花晖. VR 电影语言 [M]. 上海：上海交通大学出版社，2019.

的感官并不能直接体验"本体界"（理念层面的真实），只能接收外在的"现象"。传统电影中，也存在类似"洞穴隐喻"一样的认知遮蔽。首先，由于电影画框本身的局限性，影像只能呈现二维的矩形画面，有限的镜头语言，无法覆盖360°全景……这些因素限制了电影在叙事和感知上的可能性。其次，传统电影的影像空间对真实进行了模糊处理。电影通过虚构的异象空间，制造出模拟现实的效果，但这种效果并不完全等同于真实，而是存在认知上的差异。

传统电影镜头制造出一个特定的视角，通过预设的焦距和框架来选择性地让观众看到某些画面而忽略掉其他景象。电影定格的特定视角往往具有盲视性，遮蔽了其他可能的观看视角，为观众构建了一种有选择性的认知。但在VR影像环境中，一定程度上克服了视觉上的局限。其一是全方位视角。VR影像可以提供360°的环绕视角，让体验者可以自由掌控视线方向，看清周围所有细节。这避免了传统电影固定视角和选择性隐藏的问题。其二是三维立体感。VR影像通过多个摄像头合成，提供立体效果和距离感，更贴近真实目睹现实景物的视觉体验。这消除了传统二维画面所造成的"高度压缩"和"距离加速"。其三是交互式参与感。VR影像更多地依靠运动传感器和手柄等设备，让体验者能够通过身体互动来"游走于故事中"，参与影像世界的构建。这大大增加了认知和思维的自由度。VR影像通过无框画面、多维空间感、交互式参与等影像特点有效突破传统电影所存在的视觉遮蔽和思维定式，给予体验者更开阔的认知体验。

除此之外，柏拉图使用"洞穴隐喻"还旨在说明存在超越感官世界的"形式"或"理念"世界，只有通过理性思辨才能认识真理（图3-4）。他隐晦地表达了大众不愿接受教化的事实：走出洞穴的囚徒回到洞里向其他囚徒描述外面的真相，却遭到非议甚至杀戮。柏拉图通过这个比喻展现了他对人性的深刻洞察：理性认知是痛苦的，但却能使人超脱精神囚禁。

柏拉图用"洞穴隐喻"区分了物理世界和理念世界，一切物理世界是理念世界的投射图像。在过往的研究中，也有不少学者对于柏拉图的"洞穴隐喻"从政治、认知、教育等诸多角度展开了思考与讨论，其内涵之丰富足以"长篇累论"。"头颈和腿脚都绑着，不能走动也不能转头，只能向前看着洞穴后壁。"[13]柏拉图本意是喻证人类认知

图3-4 《理想国》中的"洞穴"情境
资料来源：空语因明.什么是唯心主义？——简化的常 识[OL]．（2021-12-13）[2024-03-19]. https://zhuanlan.zhihu.com/p/444640379.

 13 柏拉图.理想国 [M].郭斌和，张竹明，译.北京：商务印书馆，1986.

感官的不可靠，但此隐喻中所论及的由感知所营造的理念世界与现实世界之间的关系，在哲学领域具有相当的启发性，也的确与当下的VR影像能够产生内核的共鸣。

在柏拉图的隐喻中，洞穴中的囚徒看到的只是雕像的影子，而洞穴外是一个更加丰富的现实世界。路易·博德里曾将"洞穴隐喻"类比电影造梦机制，即电影观众类似洞穴中的囚徒，电影结束则是囚徒的"出逃"，观众带着"意犹未尽"之感回到了现实世界。当下，"洞穴影像"变得愈发"真实"，部分观众甚至出现"难以分辨何为真实"甚至"抛弃真实选择虚拟"的困境。

二、"完整电影"神话和取消边框的场景化长镜头

19世纪以来，摄影术借助机械、光学和化学的力量，对从文艺复兴时期就出现的"透视法"原则推崇备至。所谓"透视法"，是对所见景象进行"精确"描摹的一种手段，在文艺复兴时期出现后就在各种视觉艺术理论与实践中流行并占主导地位。但随着电影实践进一步发展，人们发现电影摄影机镜头依据透视法将视觉行为彻底机械化和标准化了，并且这种"如实的描摹"是以牺牲了丰富的视知觉可能性为代价的。

20世纪40年代，被誉为"法国影迷的精神之父"的法国电影理论家安德烈·巴赞提出了"完整电影"的概念来反对"透视法"理论。巴赞认为依靠透视法来满足电影对现实主义的嗜好，这种排除一切不符合透视法的视觉行为是把电影当成绘画的一劳永逸的做法。他用"木乃伊情结"来形容从古至今人类试图保存与记录生存状态的愿想，大多数艺术形式都脱胎于、服务于这种愿想。从绘画、戏剧、舞蹈、雕刻、照相，直至电影，而电影更完美地"给时间涂上香料，使时间免于自身的腐朽"。[14] "电影这个概念与完整无缺的再现现实是等同的，他们所想象的就是再现一个声音、色彩、立体感等一应俱全的外部世界的幻景。"[15] "完整电影"亦是巴赞借助精神分析对于电影产生作出的一种解释。

VR技术可以记录下空间内所有物象交付给观众，具有高度"完整性"。它不仅可以促使观众理解讲述者故事、洞悉主题思想，还可以令其直接沉浸于体验事件。虽然这一优势超出传统电影，但VR影像同时也保留了更多模糊性、不确定性与多义性，它更接近现实。在这种意义上，VR影像是对现实的进一步完整复写，符合巴赞关于"完整电影"的神话概念。

传统影像对现实进行精减与重组，创造出"拟像的现实"。而VR影像借助技术，就是想复写现实本身。虽保留更多细节，但是否真的超越了传统影像去"再现现实"？"完整电影"强调的是复杂的故事情节，多面向的人物刻画。而VR影像目前尚局限于

---

14 巴赞.电影是什么［M］.崔君衍，译.北京：中国电影出版社，1987.

15 巴赞.电影是什么［M］.崔君衍，译.北京：中国电影出版社，1987.

提供鲜明的视觉体验，艺术成就有限。VR 技术赋予影像更高度的"完整性"，这一点符合"完整电影"理论。但 VR 影像仍需进一步突破，从故事情节和人物刻画两个方面提升艺术水平，才能真正实现"完整电影"。

不妨设想，如果巴赞看到了当下的 VR 影像，他会认为这是他所追求的"完整电影"吗？

事实上，巴赞一直批判传统电影"分解和展开"物体的方式，抱怨其无法完成"直接感官体验"。VR 影像正满足他对物体的"完整"要求，它以立体真实的形式还原影像对象，重建它的空间感和距离感，赋予观众一种直接面对物体的视觉体验。他梦想通过电影"重塑周围世界"，让观众能够"重新经历生活和世界"。VR 影像结合身体互动和多媒体资源，赋予观众直接沉浸进入影像世界的力量，重塑其对周围与自我的认识。与传统电影相比，VR 影像更完整地实现了巴赞的"重新经历"愿景。

巴赞追求"完整电影"的宏伟目标是"涵盖所有艺术"，以达到"精神的全面解放"。VR 影像将视觉、听觉、感觉等多个艺术途径融合为一体，并赋予观众主观认知的自主性。作为多元互动的全因素影像，它有力地实现了巴赞融合所有艺术的雄心。VR 影像以立体洪流般的"直接体验"和多元互动的参与方式，符合巴赞追求情感、身心解放和多重感官集合的理想。正因如此，VR 影像有可能成为巴赞梦想中那部完整的、全面解放的"活生生的电影"。

克拉考尔也曾提出和"完整电影"神话相似的观点，他认为，"传统艺术的目的是用特殊的方法转换世界的存在形态，而电影最深层和本质的目的却是如实展示生活"[16]。VR 影像不仅赋予体验者一个故事，而且还带领体验者进入一个看似真实的世界。正是这种"似真非真"的体验本身，激发出更为绚烂的想象。VR 影像世界的虚幻性没有减弱其魅力，相反，赋予我们更多塑造的自由。

VR 影像世界就像一个连贯的梦，成为观众生命和记忆的一部分。它给予我们虚拟现实，却未必能真正展现本真的生活，可能只是另一种幻象。因此，VR 不仅仅需要超越视觉沉浸，还需要注重人物塑造与情感交流，用超越传统电影的方式，展现复杂而真切的人生洞见。这样看来，克拉考尔的观点十分贴切，为 VR 影像打开了全新思考空间，它提醒我们：追求本真不是幻象与戏剧的终点，而是真理与生命的源头。

VR 影像向着"完整电影"神话演进，在叙事方式上直接体现为对传统电影蒙太奇的破坏。相应地，叙事规则和叙事语言也随之出现改变。在传统电影中，镜头是影像的基本单元，通过蒙太奇剪辑连贯地构成故事。但在 VR 拟像空间中，影像信息传递的基本单位是场景，信息不再通过剪辑传递，而是通过场景之间的长镜头衔接。这种表达方式破坏了传统电影以蒙太奇为中心的叙事规则，带来了新的叙事难度。

 16 达德利·安德鲁.经典电影理论导论[M].李伟峰，译.北京：世界图书出版公司，2012.

著名导演斯皮尔伯格曾称VR技术为"危险的媒介"[17]。表面来看，斯皮尔伯格担心的是VR影像将观看的选择权移交给了体验者，从而引发导演权力的全面性衰落。实际上，斯皮尔伯格担心的是，全景视野所提供的自由观看会使传统的视听法则难以发挥作用，由此可能破坏叙事的完整性和连贯性。事实上，斯皮尔伯格的担心是有道理的。

"越界"使得VR影像的基本单位由镜头变为场景。场景原指戏剧影视中的场面，即一个特定的地方，在大多数情况下包括特定的人、特定的时间和特定的活动[18]。可见，场景不同于单一镜头或画面，场景中蕴含着时间、空间、交互等方面。场景替代镜头成为VR叙事的基本单位，可以看作是VR影像对经典叙事原则与传统叙事电影语法最主要的改变。VR全景视域"消解了传统叙事电影依靠画框进行视觉叙事的景别、角度、构图、视点、缝合体系与意义生产方式的系统，使VR全景叙事不得不寻找新的视觉引导手段与叙事模式"[19]。

从物质形态上来看，VR影像消解了传统镜头这一结构系统，原本的"一个镜头""一组镜头"概念难以放在VR影像环境下使用。体验者观看时，VR影像提供了整体场景的概览，而不像传统电影只提供有限的视角。体验者可以自由选择观看角度，获得某一时间点下的"场景切片"。这既由创作者提供完整的环境范围，也由体验者根据自己的意愿生成具体的局部视角，类似于传统电影通过镜头的拼接形成完整画面。所以在VR影像中，场景成为表达信息的基本单位，而非镜头[20]。体验者感受到"镜头"成为某一时间点下的视角。从人眼的视角研究而言，体验者每次视角捕捉可得到的切片约为整个场景的1/3。

传统电影所采用的视线镜头和剪辑技巧，实现了流畅自然的叙事效果。但VR影像移除框架后，这一传统视点机制失效。这打破了传统的叙事方式。达扬提出将视点解构为"视野—观察者"两个镜头，但忽略了镜头意义源自观众。罗斯曼提出三镜头机制：观察者镜头、视野镜头、再现观察者镜头。他指出，观众在观看视野镜头时，不仅理解它，还通过它投射自身。麦茨（Christian Metz）则强调了观众投射于影像的过程。观众把屏幕上的实体视为"缺席的在场"，从而赋予其意义。拉康的"镜像阶段"理论也回应了这种投射与沉浸的关系，奠定了影像的叙事基础。

镜头视点的缝合与观众的投射有机结合，构成电影叙事的基础。VR影像虽消解画框，但若能发挥沉浸感，可能产生新的叙事方式。关键在于如何利用场景的整体性与

17　BEN CHILD. Steven Spielberg warns VR technology could be dangerous for film-making[N]. The Guardian，2016-05-19.

18　郜书楷.场景理论的内容框架与困境对策 [J].当代传播，2015（4）：38-40.

19　周雯，徐小棠.沉浸感与360度全景视域：VR全景叙事探究 [J].当代电影，2021（8）：158-164.

20　周雯，刘维伊.虚拟的"真实"：由《墙壁里的狼》观照VR影像的交互叙事话语 [J].电影评介，2022（1）：1-6.

观众的选择性，激发投射关系，生成故事的意义。这需要我们不断挑战与实验，找到
VR叙事的新路径。

三、VR"一镜到底"的场景化具体实现

"一镜到底"的表现手法并不独属于VR影像。在传统电影中，"一镜到底"可以在
封闭的叙事模式中通过单一镜头来完成主客观视角的转换，但在VR影像中，需要确保
观影视角的一致性，视角转换会导致观众角色认同的割裂，从而使沉浸的观影体验大
打折扣。

在传统电影中，"一镜到底"是导演主宰视角，具有明确的构图和讲故事效果。而
VR影像中的"一镜到底"则给予观众更多自主选择视角的空间，更多地为观众提供一
个自由沉浸在场景中的体验。场景本身可能才是真正想要传达的信息。正是因为VR影
像的"一镜到底"是具有选择性的，观众在这个过程中很有可能脱离镜头的调度，创
作者要根据VR影像的特点来布局，保持认知的完整性。

VR影像可以通过保持体验者角色身份一致从而保持体验者体验的完整性，同
时VR影像中视角的一致性与体验者角色的转化并不冲突。在VR戏中戏场景中，揭
秘戏中戏的过程，也隐含着体验者角色的转变。例如VR影片《灰飞烟灭》（*Ashes to
Ashes*），体验者随着每一场戏的切换，经历了父亲角色（骨灰盒视角）——旁体验者
角色（摄影机视角）的多次转化。但是体验者并不会因此而出戏（图3-5）。

对于VR全景叙事效果而言，有利因素是沉浸式的空间体验可以创造叙事沉浸感，
不利因素是360°视野可能带来的信息遗漏，对叙事理解造成障碍。通过空间的沉浸感
可以为观众产生情感反应创造条件[21]。

实现空间沉浸的主要方式是保持空间的连续性，在VR创作中有两种情况。首先，
在同一空间中实现场景转化。在此情况中实现空间连续性的关键在于时间的连续性。
同时，共时性也意味着运动的连续性。VR短片《灰飞烟灭》将转场方式可视化表现，
例如演员直接用遥控器遥控镜头进行位移，体验者低头就可以看到轨道。但是由于体
验者始终处于摄影棚这一大背景环境中，被赋予了"摄影机"的角色，并且转场过程
是一以贯之的长镜头，体验者参与场景转换的全部流程，因此空间连续性没有被打破。
VR科幻剧集《解冻》（*Defrost*）中，通过医生推动轮椅，使体验者在医院中穿梭，避
免了空间转换带来的割裂性体验，并且医患关系和轮椅设置赋予体验者位移合理化的
设定（图3-6）。但是，要避免固定镜头的长时间使用，要注重通过运镜或引导的方式，
推动场景中体验者视角的运动。

其次，在跨越时空中场景的转化。这种情况下要保持空间的连续性，会更为复

---

21 周雯，徐小棠.沉浸感与360度全景视域：VR全景叙事探究 [J].当代电影，2021（8）：158-164.

图3-5　VR影片《灰飞烟灭》骨灰盒视角
资料来源: https://www.youtube.com/watch?
v =865i1Ans9UY.

图3-6　VR影片《解冻》(360°全景展开图)
资料来源: https://www.youtube.com/watch?
v=L33bhqoO9bE.

杂，可能涉及压缩时间的叙事方法，配合以特效制作。传统影视作品中，在"一镜到底"的形式中表现时空跨度大的场景转化，关键在于身份的连续性，并且需要一个时空跨度转换的合理契机。最常见的方式是运用传统电影中压缩时间的方法，进行时空跨越。例如电影《1917》士兵昏迷后黑场，之后摄影机摇向窗外的景色，发现天已经黑了。影片《迦太基猎手》(*The Carthaginian Hunter*) 中，主人公进入VR"虚拟现实战争机"，随着主人公情感的崩溃，场景开始融合，古罗马全景顷刻间变幻为现代城市。主人公通过时空转换逃避暴虐情结，压缩时间叙事，也能更直接地让观众认识到战争的残酷。

第三节　信息加工论：VR影像知觉信息的处理与还原

信息加工理论探究人脑如何认识图像，这为理解VR观影提供基础。本小节从信息加工理论出发，探究人脑是如何认识图像的，以此为基础延伸到VR观影时人脑如何将图像信息进行表征、还原成三维结构。了解人脑对知觉信息处理与还原的过程，有助于我们把握VR观影体验中影响信息处理的因素，规避这些不良因素有助于提升沉浸体验。

一、认知图像的机制与视觉加工理论

大脑不是摄像机或照相机，它无法直接获得视物的完整信息（图3-7）。首先，视觉在大脑中加工过程主要包括拆解、激活、拼装。我们所看到的任何视物都不是其原型，视物首先被拆解为由神经元标记的视觉组件，包括色彩、线条、形状、视角、速度等。其次，标记视觉组件的神经元被能量激活。接下来，被能量激活的同时，标记视觉组件的神经元产生神经连接，进行组件的拼装，形成完整的视物。

首先，图像加工理论认为，我们的视觉系统会先将视觉输入进行初级加工，提取出物体的基本特征信息，如亮度、色彩、方向等。然后再通过高级加工，将这些基本特征整合为对象和场景的结构说明。这就形成了我们的视觉表征和对象知觉。

这与认知图像的形成机制高度吻合。我们的认知图像首先依靠物体的低层视觉特征，在视觉系统中建构。然后再通过大脑的高级加工和结构化，形成对对象和场景的完整知觉表征，即认知图像。换句话说，认知图像是视觉加工机制的产物。视觉系统通过处理视觉输入，提取其低层特征后再整合成高层结构，形成我们眼里的"图像"。这与我们如何"看见"外部世界高度契合。

如今，相关研究认为，认知图像的加工和形成还依赖大脑中已经存在的知识框架、概念和经验。我们对物体的认知图像，实际上已经充斥着语言符号、属性信息和概念连接等高层知觉内容。

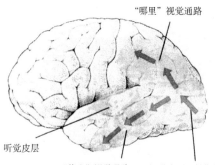

图3-7　大脑结构

资料来源：约翰·R.安德森.认知心理学及其启示[M].秦裕林，程瑶，周海燕，译.北京：人民邮电出版社，2012.

总的来说，认知图像是视觉和语言之间的交集。它既依靠下层视觉加工，又受高层认知框架的影响。这就形成了一个复杂的多层次机制。视觉加工理论为我们揭示了认知图像形成的初级途径，但其形成的成因及影响多元且复杂。

二、触觉视觉对大脑重建三维形状产生影响

人类今天所生存的世界是一个三维世界。人们能够辨识立体物体的原因就在于人类空间知觉中存在深度知觉，视觉系统经过大脑加工从而形成深度知觉。从生理上讲，VR影像依据人眼的双目视差，将左、右眼的不同成像叠加在视网膜上呈现出立体视觉效果，从而使体验者对深度距离的大小拥有更清晰的感知，从而获得更强烈的沉浸感；从心理上讲，相较于传统影像，虚拟现实的3D立体影像于体验者来说是一种更加简单的知觉形式，体验者知觉趋向简化的意愿更为强烈，立体感与沉浸感也随之增强。

从生理上讲，深度知觉的线索主要分为单眼线索和双眼线索两种类型。首先，传统的二维影像便利用单眼线索让我们感知空间中的距离与深度。单眼线索重点关注视觉刺激本身，主要包括对象相对大小、运动视差、遮挡、明暗、纹理、空气透视、线条透视等，我们便根据上述单眼线索感知二维影像空间的深度及物象距离的远近。看起来更大的物像距离我们越近；被遮挡的物像看起来离我们更远；质地看起来越密集的物像离我们越远；明亮和高光的物体看起来比黑暗阴影的物像离我们更近；假设物体大小相等，则在视角上所占的比例越小，视线越小的物象离我们就越远；空气的散射导致越模糊的物像离我们越远，能见细节越少；在相对运动中，看到不同距离的物体运动速度不同，离我们越近的物体运动得越快，物体越远，运动速度越慢。

其次，VR影像除去利用我们的单眼线索，更多则是利用我们的双目视差呈现出3D立体视觉效果，给体验者以立体感。双眼线索是深度和距离知觉的主要途径，双眼线索重点关注的是双眼之间协同而产生的反馈信息所发挥的作用，与单纯线索相比，双眼线索要更加精准，像双目视差便是典型的双眼线索。每个人都有左、右两只眼睛，它会从不同角度观察世界中的事物，对于相同物体，人类用左眼观察和用右眼观察所得到的结果会存在微小差异，利用左、右眼之间的微小视差能够实现深度判断，进而产生立体感，此原理被称为"偏光原理"。VR影像正是利用了人类双眼在生理上的视知觉特点，分别依据左眼与右眼两个视角拍摄不同的图像，再经双眼汇聚后，将两只眼睛形成的不同图像叠加到视网膜上，进而形成三维立体画面，产生立体效果。此时，在虚拟现实的3D立体显示中，影像空间从画面变成场景，所有景物之间的距离被拉开，从而被重新赋予了深度距离的空间属性，它不再单单显示于屏幕这一个平面中，还充斥在屏幕的后方。

多感觉整合是指人在综合视觉、触觉等多种信息来源后，产生了对自我存在的知觉。著名的橡皮手实验中，实验参与者将一只手臂放在视野盲区的挡板后，在邻近位

图3-8　橡皮手实验
资料来源：https://www.youtube.com/watch?
v=L33bhqoO9bE.

置放置一只橡皮手，当参与者注视着毛刷刷过橡皮手的同时以同样频率轻扫真实手指，久而久之参与者感受到橡皮手仿佛是自己的真手，在重物突然砸向橡皮手时会下意识地缩手，这体现了视觉和触觉的同步输入，能够欺骗我们的大脑，带来自我感知的错觉（图3-8）。在VR系统中，这种自我感知的错位可以进一步扩大，通过将参与者的背影投射到前方，轻敲后背的同时观看同步影像，部分参与者能够产生灵魂出窍的感受，认为前面的影像是自我本身。

三、随着体验者身体运动而扩变的知觉视域

在VR影像中，创作者可以将运动的物象设置为信息点，利用体验者知觉在视野范围内对平衡状态的追求与知觉力的驱动作用，通过安排叙事主体的运动调度空间关系，吸引体验者兴趣，达到引导体验者视线的效果[22]。

首先，每一种视觉形式都是一种力的形式。视觉形式所存在的空间便是知觉场，知觉力在其中发挥着重要的作用。在知觉场中，知觉力拥有平衡与不平衡的两种状态。一方面，平衡则表明："所有事物都处于静止状态，其之间的位置、形状和方向等关系固定不变，一旦发生细微改变，这种状态就会被打破。当事物处于平衡时，其整体必然性可以在各个组成部分之间体现"。在这种情况下，隐藏的知觉力对视觉结构的影响很小，各知觉力在平衡中得到"抵消"或"相互抵偿"。另一方面，不平衡的状态"可能是短暂、偶然或弱小的，各个组成部分都在努力改变其当前位置或形状，以达到与整体结构更加协调的趋势"。受到知觉力的驱动，体验者在这种不平衡中感受到运动的倾向或运动的状态。

其次，影像艺术中，影像空间就是观众的知觉场，知觉力便隐藏于空间里各个构图成分之间的空间关系中，发挥着非常重要的作用。创作者会故意在构图中创造不平衡的状态，当观众受到隐藏在空间关系中知觉力的驱动作用，便会感知到物象的运动

22　李智颖.VR影像的知觉形式研究[D].南京：南京航天航空大学，2018.

倾向，那么在空间中便形成了一种无形的张力，这种张力将诉诸观众心理情绪，形成特殊的戏剧性效果。在电影《哈利·波特与凤凰社》（*Harry Potter and the Order of the Phoenix*, 2007）中，当学校内部出现分歧时，邓布利多校长挺身而出，穿越人群向"我们"走来，这时创作者便用了仰拍镜头，这种不平衡的构图使"巨大"的邓布利多好像随时都可能"倒塌"，甚至将我们踩在脚下，但也正因为这种不平衡的构图，我们才能在影像空间的张力中感受到了邓布利多的威严。

在VR影像中，创作者同样会采用不平衡的构图传达特殊意义。在VR影片《蛇窝》（*Zarkana*）中，摄像机被设置在比人脸更低的高度（图3-9）。在这样的偏低角度下，旁边的小丑看上去比正常视角时更加巨大，营造出了明显的空间压迫感。在这样的不平衡的空间关系中，体验者感受到知觉力的驱动作用，担心那个面带诡异笑容的小丑会向朝自己"扑"过来。此时，体验者在心理上会处于弱势状态，这增强了影像的戏剧性张力。

再次，在传统影像中，创作者会根据自己想要传达的意义构图，构图的平衡完全由创作者的意向决定。而在VR影像中，体验者的视线被全部包裹在虚拟空间，可以实时选择和改变观看方向，在一定程度上参与构图。尽管360°全景影像没有边框，但人眼视度有限，从某种程度上来说，体验者的视野范围便是一个活动的边框，体验者可以通过转动头部的行为选择视线范围，在自己视野范围所构成的"边框"内参与构图。

因此，当空间中的物体运动破坏了平衡状态，体验者会感受到知觉力的驱动作用。在这种作用下，视线也会跟随运动主体，以使之在视野范围内达到新的平衡状态。动机心理学将这种由知觉力驱动的视线跟随行为解释为"由人体内部的不平衡状态引起的寻求新稳定状态的活动"[23]。当视野中出现物体运动，原有的平衡状态被打破，知觉力之间产生张力。这种不平衡状态会驱使视线跟随运动，以获取新信息，寻求新的稳定

图3-9　VR影片*Zarkana*（360°全景展开图）
资料来源：https://www.roadtovr.com/oculus-sign-largest-live-action-vr-deal-to-date-with-felix-paul-studios/.

23　彭聃龄. 普通心理学[M]. 北京：北京师范大学出版社，2012.

状态。视线的跟随可以理解为一种本能，目的是恢复知觉力之间的平衡，减轻因变化产生的紧张情绪。

阿恩海姆提出，人之所以追求运动，是为了不断地调整各种生命力量之间的关系，达到动态平衡。视线跟随运动中的物体，属于这种追求平衡的一种表现。虽然外界运动会破坏原有的稳定状态，但视线的跟随可以在心理上重新获取控制感，产生新的平衡。这是人类基本的心理需求和理解世界的方式。

爱尔兰都柏林大学研究组通过实验探究虚拟现实空间中影响体验者视线朝向与分布的各个因素。他们采用眼动追踪装置追踪，得到并绘制了被试者视觉注意力的分布图。颜色最亮的地方代表视线集中点。经过实验，他们发现被试者的视线焦点大多集中在特定的移动物体上。通过视线跟随，人可以在知觉上追求稳定，并在新的平衡中理解环境的变化。这一理论解释了观众在观影中视线跟随镜头运动的心理机制。在VR影像中，这也意味着通过视角或镜头的移动，可以带动体验者的视线，让他们在新的稳定状态中理解空间的变化，产生连贯的体验。这需要在自由度与引导之间达到平衡，在追求稳定的同时，理解创作者想要表达的变化与故事。

在VR影像中，创作者往往利用物象的运动吸引体验者视线。在VR影片 *Piggy* 中，佩奇为了减肥正气喘吁吁地跑步，但一块蛋糕始终吸引着它，让其不断回到蛋糕前驻足，经过一番激烈的思想斗争后继续跑开。在这个过程中，体验者视线始终跟随着奔跑运动着的佩奇，希望它一直处于我们的视野中。VR影片《风雨无阻》（*Rain or Shine*）中，雨雾之都伦敦终于迎来一个阳光明媚的晴天，于是Ella带上了新买的太阳镜出门，她从家门口走出，位于体验者视野的正中间，此时的构图处于平衡状态，然后Ella向右转，过了一条马路，体验者的视线便被她所吸引并跟随着她移动，通过转动头部将视线聚焦于运动的Ella身上，参与自身视野范围内的构图，以期视野范围内的空间关系达到平衡的状态。

4

第四章 虚拟现实影像的心理学机制和体验达成

本章主要讨论三个关联心理学的 VR 影像理论问题。

首先是在 VR 影像中注意力引导和聚焦的问题。当人的心理活动指向和集中到一定的客观对象时，便产生了注意[1]。在 VR 影像环境中，影像世界的一切信息都成为体验者的注意对象，而注意的中心则要依靠体验者的主观选择，也就是体验者自己移动视点，依据兴趣或任务要求等选择要观看的事物。成为注意中心的主体对象，会在体验者大脑中形成特别清晰的反映，而其他对象就成为注意的边缘，反映就模糊不清。注意力的集中能够有效提升体验者的沉浸感和心流体验，提高体验者对场景和细节的理解，提高体验者知觉和感知的灵敏度，进一步激发视觉、听觉等感官系统，提升体验者的沉浸感。同时从心理学层面而言，注意力的引导和集中能够使得主观体验更具有连贯性，提高心理舒适度，增强体验者的自我感和存在感。这个部分从有关注意问题的心理学机制入手，结合心流效应以及传统电影的注意力研究，对 VR 影像环境中的注意力引导方法和适用于 VR 影片内容制作的视听语言及叙事技巧进行探讨。

其次是 VR 影像中体验者和角色关系的心理机制研究。该部分将结合心理学中的化身理论（化身理论对探讨虚拟角色代入机制有重要理论价值），聚焦 VR 影像中体验者和虚拟角色的关系，探索他们的主客观结合如何影响对 VR 影像的认知，探讨这种认识产生过程背后的心理机制以及如何设计虚拟角色形态。化身理论的应用体现在其艺术价值、社会影响、受众体验和治疗应用等层面。在VR 影像中，体验者代入虚拟角色会引发体验者主观性融入的变化，这使得体验者的主观意识在本身和虚拟角色之间发生比例变化（有时虚拟角色的主观性多，有时体验者本身主观性多）。在代入过程中，体验者无法控制这一变化。同时，这一变化使主观性与客观性也产生不同之处，体验者的主客体属性会动态转变。

最后是关于 VR 影像中共情和情感传递的问题探讨。这部分试图结合心理学中的共情理论，探讨 VR 影像为什么能够强化体验者的情感体验，体验者是如何认同影像内容并达到感同身受，以及在 VR 影像中，这种情感传递能给体验者带来什么等问题。

1　韩菲琳，周旻希，钟颖.面向电影化虚拟现实的用户注意力机制研究[J].现代电影技术，2022（5）：19-23.

第一节　注意力引导实现沉浸感

一、注意力对虚拟现实影像体验的影响

集中注意力是任何认知活动的基础。注意（attention）是一种心理活动，是人的意识指向某个对象，专注其上的心理过程。注意力伴随着人的感知、思考以及想象，强大的集中能力才能支持这些认知功能有效运作。简单来说，当人的意识和思维专注于某个对象的时候，注意力就产生了。VR影像由于其沉浸性的特点使得体验者由原来聚焦观赏转变为散点浏览，本质上是感知中注意力的变化。大致可从三种注意力类型入手来讨论在VR环境中不同的注意力带来的不同影响。

（一）游离的混乱性注意

在VR影像环境下，我们很难长时间集中精力于一个完整的任务或信息上，而常陷入短暂的多重注意和频繁转移的状态。这样的散漫的状态可以被称为"游离的混乱性注意"，是VR影像环境下特有的认知状态。这一状况的产生主要源于体验者对VR影像超高沉浸感和互动性的不适应。

（二）指向的选择性注意

人在注意着什么的时候，总是在感知着、记忆着、思考着、想象着或体验着什么。人在同一时间内不能感知很多对象，只能感知环境中的少数对象。而要获得对事物的清晰、深刻和完整的反映，就需要使心理活动有选择地指向有关的对象[2]。

（三）集中式的持续性注意

注意指向性表现为对出现在同一时间的许多刺激的选择，注意集中性则表现为对干扰刺激的抑制。所谓"集中式的持续性注意"，指的是主体对客观事物的集中关注。注意集中指注意在一定时间内保持在某个客体或活动上，也叫注意的稳定性。

二、基于心流理论的注意力设计原则

沉浸感，汉语中常用于指"心理维度完全处于某种境界或思想活动中，全神贯注于某种事物"。在VR影像语境中，沉浸感指主体实时体验物理世界的心理层面，以及进入虚拟环境的感觉。VR导演赛琳·翠卡特（Celine Tricart）认为，在VR影像环境中，

　2　彭聃龄.普通心理学 [M].北京：北京师范大学出版社，2004.

沉浸感、临场感、具身化是VR为叙事提供的三个特殊要素[3]，且实现难度递增。沉浸感是VR体验者体验中最基础同样也是最重要的因素。

沉浸感并非VR影像专属，在其他活动例如阅读、工作等同样可以产生。在VR影像环境中，沉浸感跨越了传统意义上的物理屏障，不需要利用纸张、银幕等媒介。体验者在视觉、听觉、体感等知觉上都达到了新的沉浸维度。

在心理学中，人高度沉浸的状态称为"心流"。心流学说，由美国积极心理学家米哈里·契克森米哈伊（Mihaly Csikszentmihalyi）在20世纪60年代首次提出。在心流状态下，个体能高效且积极地从事活动，进入心流状态的人会产生一种浸没式的投入感（即会忽视除了目标对象以外的事物，例如时间、食物等），他们可以控制和了解目标的一切。

心流体验指的是一种浸没式的状态，这种状态需要视觉、听觉以及体感等知觉的配合。完善的VR影像心流体验程度需要在视觉呈现、情绪体验和行为模式三方面达到匹配。换句话说，在VR影像环境中，达到了心流体验便会有好的沉浸感，而达到心流体验的前提是注意力集中。之所以引入心流体验，是因为心流体验达到的状态与VR影像中的沉浸感非常相似。契克森米哈伊将心流描述为"内在满足的经历"，心流状态产生于个体通过活动满足内在需求，它体现个体潜能的最大化，从而实现自我价值。

（一）设计清晰目标和期望效果

在影像创作初期，确定VR体验的核心目标是至关重要的。这可能包括教育、娱乐、沉浸式观影、心理治疗等。明确目标后，创作者可以更有针对性地为体验者提供与目标相关的内容和交互体验，从而更容易引导体验者进入心理状态。

（二）提升选择自由度

在VR影像中提升选择自由度，主要是增强体验者的环境控制权和交互选择权，提供更开放、更丰富的选择空间与互动模式。这可以满足体验者的控制需求，加深代入感，刺激探索欲望，使其长时间地投入注意力于虚拟体验中，达到深层的心理状态。

（三）设计及时的正向反馈

期待正向反馈是人类的一种本能，下面将从反馈的内容、时机、形式、强度等方面提出VR影像中如何设计好的正向反馈，才能有效地引导体验者的注意力，加深情境代入和互动体验，使之能够达到和维持某个心理状态。

3　TRICART C. Virtual reality filmmaking: texhniques & best pratices for VR filmmakers [M]. New York: Focal Press, 2018.

三、基于叙事体验的注意力引导方法

当前，在沉浸式全景观影场景下，体验者通过参与VR影像内容互动，形成以体验者为中心的观影特征，进而产生沉浸感和身临其境的体验。但实际上，VR影像仍然存在许多问题：镜头语言过于简单，某些镜头会产生明显的眩晕感，镜头的引导效果低，以至于观众错过关键要素，无法正确理解剧情。因此，基于注意力引导目标出发，对于VR影像语境下的叙事语法的探索显得尤为重要。下文将基于传统电影的叙事要素，谈论其注意力引导手段，总结相关经验并应用于VR影像中，以确保体验者能够不错过VR影像的叙事要素，获得更好的沉浸感观影体验。

（一）叙事与兴趣线索引导

在VR影像中，全景空间的观看视角由固定观看转变为自由观看，体验者对注意力的集中和转移具有选择权，创作者的绝对权力下降。由此，适用于传统电影的强制性注意力引导并不适用于VR影像叙事，因为吸引体验者注意力的方式不再局限于视觉层面，在VR影像环境内自由互动和多模态感知的能力使注意力引导变得更复杂，得到沉浸式体验的过程变得既"容易"又"困难"。

谷歌虚拟现实制片人杰西卡·布瑞哈特的谷歌虚拟现实关注虚拟环境中注意力线索研究，将"兴趣点"（也称兴趣线索）的概念引入了VR叙事[4]。通过在VR空间中设置兴趣线索，吸引体验者的注意力，将体验者的注意力引向重要的情节。当体验者专注于呈现体验时，他们可能会错过故事的进展；而当体验者专注于情节内容时，他们可能会忽略虚拟世界的体验。出于这一点，兴趣指示必须与二者相关联。一束光、构图、提示音、奇怪的按钮都可以被设置成兴趣线索。VR动画《重返月球》（*Back to The Moon*）中的聚光灯，就是兴趣线索最简单的表现形式。聚光灯引导着体验者持续观看主角表演，体验者的注意力也随着光线的移动而转移（图4-1）。

图4-1 VR影片《重返月球》
资料来源：https://www.youtube.com/watch?v=BEePFpC9qG8.

---

4   JESSICA B. In the blink of a mind — attention[OL]. https://medium.com/the-language- of-vr/in-the-blink-of-a-mind-attention-1fdff60fa045.

在VR影像中，兴趣线索成为连接注意力和叙事的基本要素，虽然与传统电影的叙事语言不同，但VR影像可以依靠建立一个兴趣线索序列来实现体验者的注意力转移，从而使体验者能够顺利体验到连贯的剧情和故事情节。此外，VR影像的空间性和交互性，意味着设计者需要更多地考虑兴趣线索在空间中的位置排布和兴趣线索的类型，而不是单纯地从时间的角度安排事件。

（二）多元视角满足探索欲

VR影像为人类提供了前所未有的视觉体验，尤其是它为多重视角和自由探索提供的机会，满足了人类强烈的探索欲望。

首先，多维视角能有效激发体验者的探索欲。VR影像可以呈现任意角度的视角，细致地模拟人眼视觉系统，这种视觉开放感不断鼓舞体验者进一步探索影像信息。特别是从以前不可能感知的视角观察熟悉事物，对灵感和想象力有重要激发作用。

其次，自由探索与得心应手的感受也能满足探索欲。体验者在VR影像中可以自如移动视角，具有和现实相当的环境感知和交互方式。这种获取信息的主观能动性，能让体验者在探索中获得成就感和意义。

不仅如此，多元视角也体现在体验者可以随时切换不同的经历。以VR游戏《隐形时间》（*The Invisible Hours*）为例，通过转换第一视角，让体验者发现不同角色视野中的信息，推理故事的发展。体验者可以随意在7个视角之间切换，观看每个人物在同一时间段内的不同经历。这种设计不仅增加了故事的神秘感，也满足体验者的探索欲望，让其乐此不疲地切换视角，发现线索与真相。

（三）VR空间环境设置与视觉跟随

在VR影像环境的视觉引导中，除了对心理机制的理解和应用，也要"因地制宜"，在360°全景空间上进行相对的设置，通过空间设计和多视觉线索，协调引导体验者的注意力分配和移动，从而影响体验者的感知和理解。优化注意力，有利于提升沉浸感和情节推进。下文将通过研究VR的空间环境设置探究体验者视觉追随的注意力模式。

时间与空间构成了电影叙事的两大核心元素。现代叙事中，从时间叙事逐渐向空间叙事转移已经成为其显著特征。这象征着社会文化从追求内涵向追求广度、从深度拓展到表面层次发掘、从对时间的关注转向对空间的关注的重要转变。在传统电影叙事中，时间元素占据主导地位。然而，在VR影像中，时间叙事在引导情节方面的作用减弱，空间叙事逐渐成为主导力量。

（四）强制视觉引导的选择与放弃

一方面，强制视觉引导有其必要性。特别是针对VR新手，完全自由的视角会带来不适感和难以适应，需要通过引导视角来渐进式提高沉浸感。另外，强制视角也可以突出重点信息，有利于观看剧情和完成任务。

另一方面，完全强制视角也并非理想状态。连续被动地接受外界视角会影响体验者主观体验和参与感。特别是在影像太过强调剧情推进时，会造成体验者的主观感知下降。

所以，在具体设计上，应根据情境来权衡选择与放弃。VR影像内容展开的前期可以采用较多强制视角，以引导体验者适应。随着体验进度提高和任务复杂度增加，可以逐渐放宽视角限制，提高体验者控制自由度。在重要剧情节点，也可以再次采用强制视角突出信息。例如，将360°影像中的内容遮盖住一半或以上，只凸显部分影像内容。

（五）鸡尾酒效应与主体声音引导

在认知心理学中，关于声音效应的一种理论叫作鸡尾酒效应。它指的是人类的一种听觉选择能力，人的注意力可以集中在某一个谈话之中而忽略其他对话或噪声。简单来说，就是人可以在噪声中进行交谈，因为人类的听觉系统具有选择的能力。

与视觉注意力引导一样，主体的声音引导同样需要占有绝对优先的地位。换句话说，需要安排创作者希望突出和吸引观众注意的主体产生声音，同时避免空间其他位置上的多点发声。否则，多点发声无疑会引起观众的混乱，影响声音引导的有效性。声音和视觉一样，在引导观众注意力方面发挥着至关重要的作用。但是，和视觉引导相比，声音引导更容易产生混乱，降低效果。因为人耳难以准确判断声音的方位，如果空间内同时出现多点发声，观众就很难判断哪个发声源需要关注，这就影响了声音引导的精确性和有效性。因此，在VR影像创作中，声音引导的设计需要更加简洁和直接，避免过于复杂。

第二节 虚拟现实影像中的体验者角色化身和代入心理

"化身"是心理学中的重要概念，化身理论常被用来研究自我概念、社会认知理论、心理转移理论以及代入理论。

在VR影像中，体验者常常需要代入特定的角色，从这个角色的视角来探索虚拟空间和互动体验。这种代入角色的方式可以让体验者以更加沉浸式的方式深入虚拟世界。体验者代入角色背后的心理机制是本部分讨论的重点。本节从心理学化身理论出发，探讨"化身"如何影响自我概念的形成，以及代入角色后导致激发身体认同焦虑，进一步理解代入过程中认知和情感变化的问题。此外，VR影像叙事过程中体验者从融入角色到扮演角色的心理变化和相应的叙事因素构成也是这部分的关注点。

一、化身效应影响自我概念的形成

心理学化身理论认为，个体在与角色（如游戏角色、VR影像中的角色等）互动过程中，会在心理层面上建立一种化身关系。这种化身关系使得个体能够将自己的思维、情感和行为模式投射到角色上，从而对自我概念进行调整和重塑。这一观点契合了VR影像观影过程中体验者自我意识的改变和转化。这是主客观关系产生的重要前提。

体验者通过与角色的互动，建立了一种心理层面上的化身关系，当体验者在VR影像中探索和体验角色的生活时，角色所具有的某些特征、能力或经历可以暂时被体验者所拥有和感知，从而扩展体验者自身的概念和边界。这使得体验者的自我不再局限于真实世界的自身，而可以暂时融入更广阔的虚拟世界和角色中的自我。换句话说，当体验者在虚拟空间中拥有一个与现实中不同的虚拟身体时，他们可能会对自己的身体、性别、年龄等特征进行重新评估，从而改变自我概念。

心理学家威廉·詹姆斯（William James）将自我的经验分为了三个部分：物质我、社会我和精神我。"物质我"指与个体周围的物质客体相伴随的"躯体我"，"社会我"指关于别人对自己的看法的意识，"精神我"指监控内在思想和情感的自我[5]。他认为，与自身相关的一切都会在某种程度上成为"自我"的一部分[6]。依照此理论，体验者在观看VR影像的过程中也能够产生自我经验，从而进行自我重塑，且这种"自我"包含不同程度的物质我、社会我和精神我，高度近似于现实经验（图4-2）。

5 陈曦.自我的冲突与整合：自我心理学视角中的《绿皮书》[J].太原学院学报（社会科学版），2020,21（5）：86-90.

6 理查德·格里格，菲利普·津巴多.心理学与生活[M].王垒，王甦，译.北京：人民邮电出版社，2003.

图4-2　VR社交应用Bigscreen
资料来源：Bigscreen 软件截图。

二、激发体验者的身体认同焦虑

VR影像的全视角与环绕声带来更为真实的现实体验感，触觉、运动反馈，乃至嗅觉、味觉等多体感的增加，能够进一步强化感觉刺激，但这种多体感刺激的强化，较之过往的单一感官满足，更易诱发依赖性，使体验者难以自拔，并对于架空角色与情节产生更强烈的移情。日本曾于20世纪80年代提出过"二次元禁断综合征"的概念，指向过分沉迷于漫画中的虚拟世界，导致社交障碍，并在一定程度上被视为一种特殊的精神病。严格来说，此类现象属于生理与心理上对于虚拟世界的过度认同与过度消费，导致在真实的三次元现实中，产生认知反差。其表现为：相信与确定二次元世界的完美与不可替代，进入后所有欲望得到想象性的满足，实现了完全的退行状态。在这种状态下，体验者的自我认知结构与自我价值取向实现了虚拟的相互协调，自我定义的"成功"目标唾手可得。

不仅如此，"拟态生命体"的代理在一定程度上还会引起身体认同的焦虑。对身体认同焦虑的研究不能仅考虑外在的身体，还需要回归到主体的本源。回顾西方传统主体研究的脉络，特别是技术媒介对主体的影响，可以归纳出三条学术脉络。

第一，以麦克卢汉（Marshall McLuhan）为代表的"媒介延伸"理论。该理论提出媒介是人类身体的延伸，书籍是眼睛的延伸，广播是耳朵的延伸，电影和电视是眼睛和耳朵的延伸等。这为当前智能媒介研究中的"媒介作为义肢"观点提供了理论支持。

第二，以马克·波斯特为代表的"媒介技术批判"视角。马克·波斯特强调新媒介技术带来的主体危机。在《第二媒介时代》中，他讨论了"信息主体"出现后的主体危机："它是多重的、散播的和去中心化的主体，并被不断质询为一种不确定的身份。"[7]

第三，以约斯·德·穆尔和雪莉·特克尔为代表的"赛博空间与后人类"视角。

　7　马克·波斯特.第二媒介时代[M].范静哗，译.南京：南京大学出版社，2005.

该视角聚焦虚拟技术，分析"虚拟身份"的心理认同和"屏幕上的生活"的空间依赖。

在虚拟世界和现实世界之间来回移动的人类，面临着分身与实体、虚拟场景与现实场景的跨度，因此产生了复杂的身体焦虑。这主要体现在"连接焦虑"和"复数焦虑"两个方面。

"连接焦虑"是VR影像环境理论的变革之一，是模拟技术重现了逼真的场景（图4-3）的内在因素。接口从"透明化"向"去界面化"发展。一般来说，接口是信息呈现的物质基础，但其"透明性"使我们在人机互动中常常忽略其存在。这就是唐·伊德提出的"技术人工物的准透明性"。

"复数焦虑"指虚拟角色发展拓展了人类生存空间，也带来身体分裂后的认同焦虑。VR影像使用形式为身体缺席提供可能，也为人们身份嬉戏提供机会。"传统一个身体对应一个意志，让位于各分解主体，我们活在多个小世界，拥有复数身份与多个场景中的自我。"在笛卡尔传统中，身份置于明确意识中，这种自我形象为直接内省结果，我们直接洞察个人和文化身份。但后现代主体观相反，认为身份是存在无意识肉体、社会语境和历史中的意识主体"消解"的幻象。

"拟态生命体"从文化角度来说具有游戏或娱乐特质。荷兰哲学家约翰·赫伊津哈提出"游戏人"，指出"游戏和娱乐自古以来是人类所有活动与行为的出发点"[8]。史前文明石壁绘画就有记载，人们狩猎或农忙间歇进行游戏玩耍获得消遣。通过设

图4-3 VR影像体验界面
资料来源: VR看世界.市场上VR一体机的VR操作系统界面是基于什么开发的？ [OL]. (2022-07-13) [2024-03-19]. https://www.zhihu.com/question/265024189/answer/2572268459?utm_id=0.

---

8 陈小燕.元宇宙与拟态现实下的身体认同焦虑研究[J].传媒观察，2022（6）：29-35.

定游戏规则，让每个参与者乐在其中而不觉得受到了不公平对待。游戏规则成为公共社会根基，要保证体验者尽兴而公平，游戏才持久进行。VR影像法则之一是沉浸感，目的是让体验者在虚拟世界中玩得尽兴，游戏情节设计环环相扣，不完成任务不罢休。这种"投喂式"信息输入，久而久之，将导致人类想象力和自我反思能力受损害。

当身体被虚拟技术化，会产生两种结果：一是人被限制在特定虚拟情境中，"虚拟身体"取代肉身成为虚拟角色；二是人更加关注身体数字化，按世俗标准自我管理。虚拟世界可能删除生活令人不堪的部分，这种现实生活精选会造成认知错位。现实社会总有不好的事情发生和污染场所，人生中的不完美、失败等都是现实社会的常见元素，如果这些要素在虚拟世界中被忽略，则不利于人们认知社会的全部真相。

三、代入过程中认知和情感变化

VR影像强化了体验者的具身化体验。在传统电影中，观众与银幕上的角色存在一定的距离感和主客观割裂，观众通过凝视影像来理解和感受角色，但自我认知并未发生实质性改变。而在VR影像体验中，体验者"在场"的存在感更强，这有助于减小主客观距离。VR影像强调人类的体验、感觉、知觉、注意、记忆、情绪等心智都是通过身体来实现的。在VR影像中，身体体验能够塑造一种"真实"的经历，接近或等同于物理世界中的"真实"，进而塑造感觉、知觉、情绪、记忆、自我认知等心理层面意义。

VR影像所营造的完整"世界"能够为体验者带来一种奇观式的超真实体验，受众仿佛进入一个全新的时空，通过凝视等表情及行走等动作，代入其中。在VR影像环境中，人类实际上在有意识或无意识中获得了一个代理/角色，以及与物理世界中不同的全新生活方式。体验者在新环境、新身份中通过"虚拟—超真实"的互动，获得的是真实感觉和情绪。这种角色代入体验将"虚拟现实的临场感植入剧情和受众的思维中"。因此，在VR影像中，体验者通过多模态感受塑造了新的意识，在一定程度上重构了自我。

海勒认为，仿真的环境从来就不是纯粹虚拟的，因为它们以一系列不同的物质技术作为基础。这不仅从全新的视角审视并质疑了鲍德里亚、哈拉维将仿真环境抽离于物质世界的观点，也在一定程度上强化了VR影像环境所带给体验者的具身化认知。例如，在一部VR影片中，体验者视觉接收的信息源自数字空间，而体感交互时的行走知觉却源自物理空间（真实场地）及数字空间的协同作用。VR影像的观影体验是具有可感知性的系统组合，观影过程事实上是身体和智能机器接触的物质实践与交互体验，这就增强了具身认知的物质性。假定意义上"纯粹"机器的虚拟性与人类的物质性相辅相成，机器与身体之间产生持续的信息流动，实时仿真与身体运动彼此融入。与此同时，出现了一些新理论，如"模型灵活性"。

但新的问题也同时产生，在 VR 影像中，体验者的具身体验增强，代入感得到提升，是否意味着体验者对角色的认同度提高了呢？

答案并非绝对。认同度是指体验者对角色的认同程度，与体验者的价值观、信仰和个人经历等因素密切相关。在某些情况下，虽然具身体验和代入感得到了提升，但体验者可能仍然无法对虚拟角色产生认同。例如，如果虚拟角色的行为、信仰或价值观与体验者的观念相悖，体验者可能会抗拒对角色产生认同。因此，高真实的身临其境感不是产生认同的充分条件，真实的代入也需要真实可理解的角色和故事。通过结合身临其境的技术与真实可理解的内容，VR 影像体验才有可能达到更高层次的认同与共鸣。后文将针对体验者代入角色的故事叙事展开进一步探讨。

四、从融入角色到扮演角色的过程

从传统电影到 VR 影像，从观众到体验者，再从体验者到角色，这是一个心理和身份认同逐渐转变的过程。在 VR 影像中的最初阶段，体验者处于被动接收状态，尚未建立与角色的强烈心理关联。但随着体验的深入，第一人称视角与环境感官刺激会让观众产生身临其境的感觉，体验者的自我意识开始"融入"虚拟世界。在这一过程中，体验者的视角与注意焦点会越来越与角色重合，这有助于体验者理解角色的内心体验，这标志着体验者与角色的"融合"。

在第二阶段，随着互动性内容的体验，体验者在心理上进一步对虚拟角色产生认同，体验到"扮演"角色的错觉。在高自主互动下，体验者的行为选择直接对应于虚拟角色的行为，这会加强体验者的视觉上"成为"角色的体验。相比之下，此时体验者的自我意识会进一步削弱，更多地从虚拟角色的视角理解世界和体验故事。在最高级的层面，体验者可以达到近乎完全的"扮演"状态，暂时放下自身身份，真实感受到"成为"角色的错觉。这需要内容具有非常高的互动性和自主性，可以让体验者完全掌控角色的行为和体验。在这个阶段，体验者自我意识的边界达到最大程度的扩展，可以实现较长时间的身份置换。

在 VR 影像中，体验者可以从最初被动的"融入"状态，发展到主动的"扮演"状态，与角色建立起渐进式的心理认同。这是体验者身份置换程度不断提高的过程，需要内容在互动性与自主性上持续优化，不断加强体验者与虚拟角色之间的心理契合，达到近乎完全的"成为"他者的状态。

认同感是身份认同形成的基础。当体验者进入 VR 影像后，他们会感受到与虚拟角色的紧密联系。这种联系可能表现为情感上的共鸣、价值观的一致或行为模式的相似等。在心理学上，这种联系被称为认同感，它是体验者成为角色的基础。

体验者代入角色是体验者从体验者到角色的重要转折点。在 VR 影像环境中，体验者可以自由地选择并扮演虚拟角色。在扮演过程中，体验者将自己的思维、情感和行为模式与虚拟角色相融合，从而实现心理上的身份认同。这种角色扮演过程可以帮助体验者克服现实生活中的困境，如自卑、焦虑等，从而实现自我成长。

五、影响体验者体验的叙事因素

根据化身效应，体验者在VR影像中产生化身效应和代入感受的程度取决于多个因素。主要的叙事因素包括虚拟角色设计。化身效应的强度依赖于体验者对虚拟角色的认同与共感程度。所以，角色的真实性、丰满性以及与体验者的共性等都是关键。鲜明的角色背景和性格有助于产生强烈的代入感。

剧情设计故事情节的曲折与细节决定了体验者对虚拟世界的理解深度和融入程度。开放的剧情赋予体验者更高的控制权和主体性，有利于化身效应的产生。剧情也为角色带来冲突与挑战，促使体验者与角色建立共鸣。其一，沉浸感设计。真实的视觉效果、身体感觉反馈和交互方式有助于体验者在认知层面产生身临其境的错觉，忘记自身真实身份，融入虚拟世界与角色。其二，交互性设计。高度互动和开放的人机交互使体验者在参与过程中获得更高的自主权和影响力，加强了体验者的主体性和代入感。交互方式还影响体验者理解虚拟世界与完成任务的途径。其三，共同体验。其他虚拟存在（如NPC）的表现也会影响体验者的情绪与身份认同。体验者还会根据其他"人"的眼光来思考自己的行为选择，判断自己在虚拟社会中的定位。这种社会互动进一步实现了"我＝角色"的心理体验。

VR影像要实现体验者强烈的化身效应，需要在叙事层面进行虚拟角色、剧情情节、沉浸体验、人机互动以及社会互动等所有要素的全面设计，需要围绕主题进行有机组织，共同营造一个引人入胜的虚拟世界，让观众真实体验成为别人的乐趣。只有当所有叙事因素融为一体，体验者才有可能在认知与情感上真切"成为"虚拟角色，开启一次身心的旅程。

第三节　共情和情感传递

情感源于对环境的认知过程，换句话说，认知过程便是情感的产生过程。与传统电影相比，体验者在 VR 影像中通常会产生更强烈的情感反应。从影像制作层面来讲，这是因为 VR 影像能够提供更好的沉浸感、全方位的身体感知并且随着技术的成熟能够为体验者定制情感体验。

在 VR 影像中，情感传递指的是通过视觉、听觉等感官手段，将内容创作者设计的情感体验传递给体验者，引发体验者共鸣并产生相应的情感反应和体验。

共情是人类社会和人际交往中不可缺少的能力，它起着非常重要的作用。共情能够将社会力量整理在一起，能够让人们在交流中体会到彼此的情感。共情作为一种心理机制让"我"成为"我们"[9]。在日常的活动交流中，共情常常发生，通过语言表达以及面部表情、身体动作等副语言可以进行沟通交流，体验彼此的感受。大众传播时代，报纸、广播电视、电影等传统媒体可以通过叙事表达、故事情节、镜头语言等方式唤起共鸣；在新媒体时代，AI、算法、机器人等智能学习技术不断发展，广泛应用到我们生活的同时也在催生新的共情逻辑，新的共鸣（例如人机共情）在不断升温。

一、研究情感传递的心理学途径

情感共情（emotional empathy）与认知共情（cognitive empathy）是共情理论中的两个重要概念。它们描述了人类在理解他人心理状态时涉及的两种不同机制。

情感共情是直接、自动地与他人情感体验相对应，它涉及人的辅助系统。这种对应会引起与他人相似的心理反应，产生共同的情感体验。例如，当目睹他人悲伤时，我们会自然地产生悲伤的情绪。这种共情是通过感受而非理性思维实现的，它发生在潜意识层面。

认知共情则需要我们理解他人的情感体验，想象自己处在同样的处境和角度。这需要我们通过推理和概念化来构建他人的心理模型，理解他人的想法与感受，甚至对不同选择下的后果进行评估。这一过程主要涉及人的中央执行系统，需要理性思维的参与。例如，面对别人的困境，我们可以设身处地为其思考各种解决方案。

情感共情是一种自发的心理反应，认知共情则需要理性思维的参与。二者密切相关但有差异，理想的共情体验需要同时涉及这两个层面：既能与他人的情感产生共鸣，又能在理性上深刻理解他人的心理。在我们理解 VR 影像作品时，这两种共情机制也同样发挥着作用。情感共情让我们直接对故事与人物产生情感体验，认知共情则在我们

9　弗朗斯·德瓦尔.共情时代：一种机制让"我"成为"我们"[M].刘旸，译.长沙：湖南科学技术出版社，2014.

理解整个故事与世界观的基础上产生。只有二者结合，我们才有可能真正进入作品提供的虚拟世界，体会它们想要传达的主题与意境。

"VR是一扇窗口，可以使人类穿越到另一个世界。VR更是一个机器，是使人类变得更加富有同理心，更加紧密相连，更加富有人性的'终极共情机器'。"[10]

情感共情是一种在特定情境下不由自主地产生的反应。当个体察觉到他人的情绪线索时，情感被唤醒，无法随意控制其发生和强度。从某种意义上说，情感共情是一种自下而上的与他人情绪分享的过程，是刺激驱动的自动化过程。在阅读故事或想象时，个体能够激发对他人的自下而上的情感共情[11]。同时，情感共情的产生也是一个复杂的心理反应过程。这一特性意味着情感共情的产生具有一定条件，只有当影片情节与体验者的个人经历高度相关时，体验者才能真正融入情境，以他人视角理解他人。这种关联是激发情感共情的关键。

二、共情的触发：影像体验激发情感共鸣

情感共情是一种替代性地分享他人情绪的能力。大脑成像研究显示，他人的情绪可以引发我们脑中与这些情绪或感觉相关的区域活动，将他人的情感表征转化为我们自己的情感表征，使我们对他人的情绪产生"感同身受"的体验。因此，情感共情的神经活动与引发共情的情绪或感觉的性质有关。

我们从幼年时期开始就能感知他人的情绪，情感共情是我们进行社交互动的第一个工具。研究发现，14个月大的婴儿会对其他婴儿的哭声做出类似的哭泣反应[12]。这种能够体会他人情绪和想法的能力就是情感共情。在人类哲学史上，关于人类是理性动物还是情感动物，人性本善还是本恶，或是既有善又有恶的问题一直争论不休。但在这些争论中，作为人类原始情感的共情一直被部分思想家认为是事实。"人类进化可能有一个永恒的动力和目标，那就是深化自我认识，拓展同理心应用领域，即人性意识。"[13]个体与共情关系中的他者互相赋予更多的人性，个体被他者人性化，人性化成为共情关系的基础。共情属于尚未异化的同一性，是"一种尚未存在任何关系的原始社会的情感，它先于一切（作为还原他人的同一性的）关系，它并不依赖于任何关系"[14]。

10 Chris Milk. How Virtual Reality can create the ultimate empathy machine [EB/OL]. (2015-03). https://www.Ted.com/talks/chris _milk_how_virtual_ reality _ can _ create _the _ultimate_ empathy _ma-chine? language = en.

11 黄嵩青，苏彦捷.共情的毕生发展：一个双过程的视角[J].心理发展与教育，2012（4）：434-441.

12 杰里米·里夫金. 同理心文明：在危机四伏的世界中建立全球意识 [M]. 蒋宗强，译. 北京：中信出版社，2015.

13 杰里米·里夫金. 同理心文明：在危机四伏的世界中建立全球意识 [M]. 蒋宗强，译. 北京：中信出版社，2015.

14 贝尔纳·斯蒂格勒. 技术与时间：爱比米修斯的过失 [M]. 裴程，译. 北京：译林出版社，2019.

总之，不论是深入的"心灵理论"，还是模拟他人经历体验，或者可能存在的镜像神经元，技术通过感官证实了人类可以从他人经验中获得情感共鸣的可能性。

在观看VR影像作品时，我们之所以能够产生共情体验，重要原因在于作品的情感设计可以直接唤起体验者的情感共鸣。这种情感传递的过程建立在两方面：首先，VR影像通过视听手法营造出真实而富有感染力的情感氛围，如通过色彩、音乐、场景等强化画面情感色彩直接影响体验者的情绪与体验。在这种氛围影响下，体验者的情感系统会自动调节为同调状态，与画面情绪产生共鸣，体验与人物相近的情感体验。情感使体验者投入VR影像的氛围中，VR影像中的情感化设计可以吸引体验者产生互动行为，加深他们对作品内容的理解，并引导他们对作品进行反思。其次，影像作品中的人物、剧情与细节设计也可以触发体验者的情感记忆与体验，激活其相关的生理与心理反应。故事承载着VR影像的情感内容表达，而共情以故事为主要载体，它能将故事的客观规律与体验者的主观情感相结合，使体验者在进入VR影像环境的过程中了解作品中蕴含的情感与背景，从而产生情感共鸣。这些元素共同构成了VR影像的视觉审美和情感支撑，围绕共同主题形成一个视觉影像和情感意境。例如，当剧中人物遭遇挫折时，体验者也会回想起类似的情景，产生同样的情绪波动。这种"情景联想"使得体验者不由自主地与人物的情感状态产生共鸣。

在整个过程中，体验者的理性判断起到辅助作用，但直接产生共情体验的关键在于情感共鸣。影像作品需要设置相关的情感暗示与记忆线索，来唤起体验者与人物情感状态的对应，这才是实现共情的最为重要的路径。因此，情感共情通常被视为一种原发的共情感受，在艺术创作中十分普遍。我们在日常生活中观看影视作品时，会不由自主地因为角色悲伤而悲伤，因其快乐而快乐。观众与作品之间比较容易产生情感联系和互动，这种基于共情的情感连接在观影过程中时有发生，观影也成为现代观众情感宣泄的重要渠道，这种共情的体验成为影像产业源源不断、持久兴盛的基石。

三、情绪元素：痛苦最易于产生同理心

个人的痛苦最容易获得情感同理心。这种痛苦具有释放和自发的性质，可能导致他人处于消极或缺陷状态（如安抚、悲伤等情绪）。它允许一个人"分享"另一个人的感受，它既具备一个清晰的自我，也存在自我－他人的区别。我们所说的"分享"并不是指体验完全相同的感觉，而是至少对对方的感受有一个"形象"或"感官表现"。在许多情况下，这种传染的倾向是由对身体姿势的本能模仿促进的，比如面部表情，以及与他人交谈时的情绪语气。传染所引起的悲伤情绪会导致个人的痛苦，使人试图在绝望和自私中逃避它，似乎只有参与进来，才能使人减轻痛苦。

共情痛苦是因他人痛苦而产生的负面情感。这是一种"感觉与之一起"共情的组成部分，允许观察者体验共情目标的负面感觉。因此，共情痛苦被认为是基于他人情

感和感觉的替代分享，并作为进入他人情感状态的桥梁。根据这一观点，暴露于他人的痛苦中会激活大脑的情感和躯体回路，包括边缘结构、躯体感觉和岛叶皮质。这种神经活动被认为是情感共情的"标志"，支持以第一人称"具体化模拟"他人的痛苦。

在本书第一章已经提到，VR影像摆脱了电影媒介从19世纪末诞生以来固定不变的"边框"，并将体验者拉入框内，能够本真地经历和体验他者生命的时刻，经历自我与他者情感与肉体的关系。这种以体验者的全感机制与他者所思所感之间无间地浸融在一起的经验，"使我们得以重新认识自然和人类，以同理同情之心重建自我和他者与世间万物的关系"[15]。以此来讨论艺术家们是如何用最新型的艺术形式来关注人自身的生存。得益于"沉浸"的观赏和注重人机交互的"互动"把玩，VR影像已然成为放大体验者同理心的"共情机器"。下文将从反思视角出发，探究VR影像作为"共情机器"背后的伦理争议问题和挑战。

首先，VR影像叙事题材的选择影响体验者情感共情。VR技术可以被视为人类视觉文化的重大突破。它通过生动地模拟周围世界、真实地呈现自然景象以及逼真地营造生存幻象，为人们带来了震撼的体验。这促使人类产生对生存的本体迷思，VR影像技术被认为是影像技术文化和影像纪实话语的重要突破。然而，也有人对VR影像的叙事形式、呈现方式和其对特定事件与场景的指向性持怀疑态度。

其次，虽然VR的超凡共情机制激发了体验者对他者境况的同情，但信息设置的预设化、过量化和去语境化使得体验者难以做出理性判断。这可能导致体验者陷入设计者的圈套，使VR影像成为资本力量驱动的权力话语，挑战传统话语根基。尤其在涉及战争、灾难、病痛等题材时，VR影像可能成为一种强大的精神操纵机器，制造或发布虚假信息，导致技术滥用与职业伦理的破坏。

此外，VR影像强大的共情机制可能对体验者产生心理或精神影响。由于共情本质上是让体验者站在他人立场，但信息吸收方式常常是过载的、去语境化的，因此无法保证每个人都能适应虚拟环境所赋予的角色身份。特别是在没有相关背景知识和必要心理准备的情况下，体验者容易陷入陌生而又好奇的虚拟世界，产生情感冲动，实现轰动性的媒介效应。在这种情况下，VR影像可能成为捕获体验者脆弱心灵的圈套，滥用媒介技术，制造虚假情绪，成为资本力量驱动的权力话语。

四、虚拟现实影像中的认知共情：理性思维的参与

随着数字技术的不断进步，观影方式和渠道变得越来越多元化。人们对艺术审美、个人知识储备和情感素养方面的认知学习需求也不断增长。这使得与共情元素相关的

15　Chris Milk. The birth of virtual reality as an art form [OL]. (2016-02). https://www.ted.com/talks/chris_milk_the_birth_of_virtual_reality_as_an_art_form.

作品在影像艺术中的地位逐渐提升。作为文化传播的重要途径，VR 影像能够在不同现实场景中塑造虚拟世界，将现实场景与作品内容中的虚拟场景叠加，形成一种虚实结合的景观。

认知共情受到自上而下的认知过程调控，增加体验者对 VR 影像中人物情绪和情感的理解，从而提高体验者对人物产生共情反应的可能性。随着 VR 技术的发展，交互式电影迎来了新的发展契机。利用计算机生成模拟环境并开发更多交互手段为体验者提供更真实的故事场景，不断提升体验者在使用 VR 影像时的沉浸感。同时，交互性的创作手法建立了虚拟角色与体验者之间的联系，使体验者更具代入感。基于认知共情，体验者可以自主地对虚拟角色进行情感反馈，建立与角色之间的情感传递。

在深入探讨认知共情对 VR 影像的影响和意义之前，我们先从影像情感研究入手，结合认知心理学，探讨认知标签和认知图式如何激发体验者对影像的情感反应。认知标签理论认为，情感产生于对特定事件的认知评价。体验者在观看影像作品时，会根据自己的知识、经验和价值观对作品中的元素进行评价，从而产生相应的情感反应。认知图式是人们组织和处理信息的心理结构，它帮助我们理解和解释影像作品中的信息。当体验者观看作品时，他们的认知图式会与作品中的元素互动，激发出情感反应。

例如，在 VR 影像中，通过视觉、听觉和触觉等多种感官刺激，体验者能够更深入地理解和体验故事情节。这种沉浸式体验使体验者能够更容易地与虚拟角色产生共情，进一步加强体验者与作品之间的情感联系。通过认知标签和认知图式的作用，体验者可以更好地理解和评价作品中的情感元素，从而激发出更强烈的情感反应。

总之，VR 影像作品通过提供沉浸式体验，强化了体验者与虚拟角色之间的情感联系。结合认知心理学，我们可以更深入地探讨认知标签和认知图式如何激发体验者的情感反应。这对于理解认知共情在 VR 影像中的应用和意义具有重要价值。

.

5

第五章　基于全景技术的虚拟现实影像制作实践

作为一门集成了数字图像处理、实时三维计算机图形技术、仿真技术、多媒体技术、传感器技术等多种前沿科学的尖端技术，VR技术具有极高的技术综合性和应用价值，能够在高度模拟现实世界的基础上进行创新性扩展。它通过模拟人类视觉、听觉、触觉等多种感知系统，利用计算机生成的实时动态三维立体空间，创造出一种超越时空限制、仿佛置身其中的沉浸式体验环境。这种技术最早由美国的计算机科学家杰伦·拉尼尔（Jaron Lanier）在1987年提出，并自20世纪50年代起经过长期的探索与发展，到了90年代，随着计算机和图形处理技术的飞速进步，VR技术开始广泛应用于影像、游戏等领域。在此期间，如《阿凡达》《X档案》《黑客帝国》等科幻电影作品以其独特的视觉效果和深刻的科技内涵，预示了虚拟影像技术时代的到来。尤其是2016年，被业界广泛认为是VR影像产业的元年，国内外涌现出了大量优秀的虚拟现实电影作品，比如*Pearl*、*Henry*、*Lost*等，这些作品不仅展现了高度成熟的技术，而且在影像创作的艺术表达上深入探讨和运用了空间叙事的技巧。

在制作基于现实拍摄的VR影片方面，运用全景技术进行 拍摄和后期制作已经成为一种效率较高的解决方案。这主要得益于全景相机在拍摄过程中能够捕捉到360°的画面，这些画面经过后期配套软件处理，可以大大简化画面拼接、畸变矫正和画面优化等烦琐步骤。因此，为了实现高效且高质量的全景素材拍摄，对当下全景拍摄设备的技术现状及其基本特性有一个深入的了解变得尤为重要。这包括全景相机的拍摄原理、画质表现、拍摄范围、易用性以及与后期制作软件的兼容性等方面，都是制作高质量VR影片不可或缺的技术考量。为了达成使用全景相机进行高效的素材拍摄，我们有必要了解当下全景拍摄设备的技术现状及其基本特性。

第一节　全景拍摄设备特性和原理

一、全景技术的发展概况

全景技术（Panorama）是一种利用计算机技术将多张照片拼接成一个全景图像，实现全方位互动式观看真实场景的还原展示方式。它可以用于场景理解、虚拟现实、城市规划、娱乐等领域，为用户提供了身临其境的感觉。

全景技术的核心是全景摄像技术，它可以使用单镜头或多镜头的全景摄像机进行视频内容的采集，后期通过全景视频拼接软件拼接成一个无缝的"球"，最终输出360°全景视角的球状全景视频，再配合专业的全景视频播放器，外接不同的视频显示设备，来实现动态的真实环境的还原，给受众带来跨越时间和空间的虚拟体验[1]。

全景技术的优势在于真实性强、播放设备硬件要求低、开发周期短、开发成本低、导览性和交互性强、画面质量高、数据量小等方面。它可以提供对真实环境的高维度检测，增强用户的沉浸感和交互性，加深对真实世界的理解和认识。全景技术是一种新兴的富媒体技术，是继图片、视频之后的又一VR全景影像互动传播新媒介，广泛应用于地产、装修、旅游、购车、会展、教育等众多领域。

随着计算机视觉的崛起，全景技术逐渐融入了更多智能化的元素，从简单的图像拼接逐渐演变为对场景的深度理解和模拟。最近，深度学习的兴起为全景技术注入了新的活力，使其在图像识别、场景还原等方面取得了令人瞩目的成果。在全景技术的应用方面，虚拟现实和增强现实（Augmented Reality，AR）是其中的佼佼者。全景技术为虚拟现实提供了更加真实和生动的场景，使用户能够身临其境地感受虚拟世界。

二、全景拍摄设备的特性原理

早期的全景图像技术在摄影学和光学工程的交会处产生，其发展历程反映了人们对于创造更加真实、全面场景呈现的渴望。19世纪末，摄影技术逐渐成熟，摄影师开始思考如何捕捉和呈现更广阔场景的图像。

最初的尝试涉及旋转相机的设计，例如由法国摄影师托马斯·萨顿（Thomas Sutton）在1859年设计的全景相机，如图5-1所示。这类相机通过旋转镜头或底片，拍摄周围环境的连续图像，旨在在一个图像中呈现整个场景。然而，由于技术水平和设备限制，这些早期相机的成像效果并不理想，图像的质量和连续性受到了较大的限制。

　1　楚雪.全景技术：开启城建声像档案新纪元[J].办公室业务，2020（7）：90-94.

图5-1 Sutton全景相机
资料来源：龚月强，蚂蚁摄影.《50部照相机里的摄影史》连载6——萨顿全景相机[EB/OL].[2022-06-28].https://m.thepaper.cn/newsDetail_forward_18746348.

不难发现萨顿全景相机的原理其实就是直接在底片上将短时间内多次曝光的图像进行拼接以获取更大的画幅。在全景拍摄设备以及相应放映设备的发展过程中，拼接画面以获得更大画幅和银幕成为提升VR视频制作质量与观众体验感的核心原理，同样也是全景影像制作过程中不可缺少的一步。

然而在实际进行拼贴操作的过程中，不管是早期旋转镜头的相机在底片上进行拼接，还是使用固定焦段相机进行矩阵式拍摄后再进行照片拼接，摄影师们都发现影像连接处的接缝难以处理。在无法避免拼接的情况下，减少拼接次数便成为另一种提升全景画面质量的方式。

随着摄影技术的进步，全景摄影开始引起更多注意。摄影师们开始尝试使用广角和鱼眼镜头等先进设备，以捕捉更广阔的视野。然而，由于这些设备的使用受到技术限制，图像仍然需要经过手工拼接，以创造一个连贯、无缝的全景图像。而广角镜头的使用虽然减少了拼贴次数，但是其在画面边缘造成的强烈畸变，使得图像拼贴变得更加困难（图5-2）。

在这一阶段，摄影师们通常会使用手动旋转架设备，拍摄一系列相互重叠的图像，然后通过人工比对和拼贴，创造出完整的全景效果。这一过程面临了许多挑战，包括色彩一致

图5-2 鱼眼镜头
资料来源：https://cglens.com/camera-lens-21.

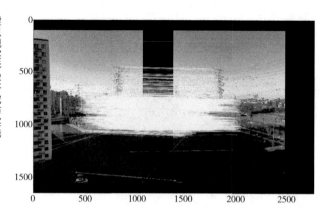

图5-3 自动图像拼接系统
资料来源：小新.OpenCV-Python
怎么实现两张图片自动拼接成全
景图[OL].[2021-06-11].
https://www.yisu.com/zixun/
457640.html.

性、几何形变以及图像的对齐等问题，需要摄影师具备高度的专业技能和耐心。

尽管早期全景图像技术存在诸多挑战，但这一时期的努力为全景技术的后续发展打下了基础。经验的积累和技术的尝试为全景技术的逐步演化提供了宝贵经验，同时也反映了人们对于在图像中还原真实场景的持续追求。如何将多张照片快捷、连贯地拼接起来，成为获取全景影像的关键步骤。

在全景技术的发展历程中，计算机视觉的崛起扮演着至关重要的角色。20世纪90年代末和21世纪初，随着计算机性能的提升和计算机视觉算法的不断改进，全景技术逐渐从依赖人工干预的手工拼接阶段迈入了自动化和智能化的新时代（图5-3）。

Szeliski提出的自动图像拼接方法被认为是计算机视觉与全景图像融合的里程碑之一。该方法利用了图像的特征点匹配和几何校正，首次实现了全景图像的自动合成。通过检测图像中的特征点，如边缘、角点等，然后使用这些特征点进行图像对齐和融合，该方法显著提高了全景图像拼接的准确性和效率[2]。这一突破使全景技术不再依赖于手动操作，而是开始走向更为自动化的发展方向。如今，市场上已经存在相当数量的全景视频编辑软件，可以快捷地处理由全景相机获取的原始素材，一些一体化的全景相机已经将图像拼接的功能集成到了其机身本体上。

三、全景成像技术的发展

数字成像技术和图像传感器的快速发展极大推进了数字成像设备的进步，应用范围日益扩大。图像质量从初期的几十万像素到现在的亿级像素，体现了技术的巨大飞跃。全景成像技术，追求极致的虚拟现实沉浸感，源于古代岩画、壁画的创作，发展至今，已成为重要的技术领域。这一技术的发展，解决了传统成像设备视场狭窄的限制，满足了对大视场图像的需求，特别是在全景图像的获取方面，包括球面、多面体、柱面全景

2　叶青.无标记人体运动捕捉技术的研究[D].北京：北京邮电大学，2014.

图像，为不同的应用需求提供了解决方案。全景成像不仅在技术上有所突破，其应用场景也从实验室扩展到公众展示和个人消费领域，如交互艺术装置、球幕电影等。

VR技术的概念早在1935年就已提出，随后几十年中，通过Sensorama、头戴式显示器等原型机的发展，VR技术逐渐成熟，成为一种新的艺术表达和娱乐方式。1968年，计算机图形学之父伊凡·苏泽兰特的开发，进一步消除了物理视距的限制，推动了VR电影的技术基础。进入21世纪，随着谷歌Cardboard的推出和Oculus的收购，VR技术进入了快速发展阶段，应用领域不断拓宽。至今，VR全景相机的普及让普通人也能参与VR内容的制作，摄影师和艺术家开始探索VR的新可能性，标志着虚拟现实技术在艺术和娱乐领域的深远影响。目前，HTC VIVE、苹果Vision Pro等民用VR显示设备也不断拓展市场，VR影像从创作到应用上都呈现出长足的发展势头。

四、全景拍摄的虚拟现实影像的基本模式

沉浸式虚拟现实电影通过构建无法觉察自身存在的虚拟空间，将观众抽离现实环境，减少与被观看事物的距离，增强对当下事件的情感投入。观众置身于由虚拟现实技术营造的多感官、全景式虚拟空间中，成为其中的一部分，沉浸其间。这种电影通常由短小、精练的影像片段组成，持续提供逼真的视听内容，吸引注意力，强调视听体验，旨在营造高度沉浸和"身临其境"的感受。在现实与虚拟环境的互动下，这种感受会进一步加强，凸显虚拟现实电影的沉浸性特征。如谷歌故事工作室的Help、Pinta和Jaunt中国联合出品的《烈山氏：幻觉》等作品，通过对光影、色彩、声效的处理，以及对场景切换、空间位移的编排，大大加深了虚拟空间的真实感和观众的感官体验，达到了极具沉浸性的效果。[3]沉浸是一个积极主动的心智过程，让观众穿越进入全新体验领域，通往意识层面的无形感受。与传统影像中较弱的屏幕即视感不同，沉浸式虚拟现实电影借助头盔或眼镜展开一个巨大的屏幕，颠覆传统观影方式，消除现实与虚拟界限，赋予观众零距离体验。观众的精神意识被同化，完全沉浸于影像所叙述的内容之中。

基于交互引擎的虚拟现实电影在沉浸式体验的基础上，赋予了观众与影像互动的全新形式。在这种电影中，观众能最大限度参与叙事过程，体验不同情节走向和结局，获得前所未有的愉悦感受。从某种程度上看，交互式VR电影在形式和内容上与VR游戏颇为相似，观众都是通过第一人称视角和交互操作来推进影像叙事的发展。游戏界先驱约翰·卡马克曾表示，VR游戏最关键的是让你去探索虚拟世界，当佩戴VR设备体验攀登高峰、欣赏美景时，那种感受意义非凡。VR技术使得VR电影和VR游戏兼具了电影的表现力和游戏的自由度，因此我们需要区分它们的本质差异。VR

3   罗宁.电影叙事学语境下的虚拟现实（VR）电影空间叙事研究[D]. 无锡：江南大学，2019.

电影与VR游戏的核心区别在于：VR电影以"叙事"为核心，旨在通过叙事完成艺术表达；而VR游戏则以"交互"为中心，目的在于创造娱乐体验。在VR电影中，观众处于被动客体地位，主要通过"观看"来接收影像；而在VR游戏中，观众或玩家则扮演主动主体角色，主要通过"交互"与游戏进行人机互动，从中获取乐趣。VR游戏延续了传统游戏的特征，在基于特定冲突或目标的基础上，增强了沉浸感和交互性[4]。但目前的VR电影中，只有少数作品在影像叙事过程中融入了交互元素，允许观众在导演设定的范围内与影像进行简单的剧情互动。如Oculus故事工作室的VR动画Henry，当观众将视线对准主角亨利时，亨利也会转过身来看着观众。VR电影的交互性在其叙事和艺术表达目标之外，增添了一些简单的剧情互动，让观众在互动中观看故事发展，满足好奇心，获得情感共鸣。因为VR电影本质上属于电影艺术，观影本身就是一种带有情感投入的活动，所以叙事故事仍是VR电影的首要任务。单纯的交互虽然能满足观众短暂的新鲜感，但难以持久，最终观众对于故事呈现等方面仍会有更高期待。相比之下，在VR游戏中，观众或玩家无需担负艺术表达的重任，只需获取游戏操控权，根据策略采取行动，面对更多智力挑战，在游戏剧情中实时行使"玩"的权利即可。

五、市场上拍摄设备介绍

从消费级别上进行分类，用于VR影像记录的全景设备与传统相机一样分为消费级、入门级、专业级和电影级。在上手操作难度、后期可控程度、成像画质等方面都各有不同。

1.消费级
这类设备主要面向普通用户，价格较低，操作简单，但画质和功能有限。常见的消费级VR影像拍摄设备有理光THETA S、Insta360 ONE X双目全景相机等。

2.入门级
这类设备主要面向发烧友或专业团队的初步探索，价格适中，功能较强，但需要较多的后期处理。常见的入门级VR影像拍摄设备有GoPro运动相机搭配的全景支架，如GoPro Omni 4、HERO 5等。

3.专业级
这类设备主要面向专业的影视制作，价格较高，功能强大，能够拍摄高画质的3D

 4　罗宁.电影叙事学语境下的虚拟现实（VR）电影空间叙事研究[D].无锡：江南大学，2019（12）.

VR影像，但需要专业的设备和人员。常见的专业级VR影像拍摄设备有佳能EOS VR系统、红龙摄像机组合的VR摄影机等。

4.电影级

这类设备主要面向高端的影视制作，价格非常高，功能非常强大，能够拍摄好莱坞级别的VR影像，但需要非常专业的设备和人员。目前市场上还没有成熟的电影级VR影像拍摄设备，但有一些试验性的方案，如谷歌的Jump、诺基亚的OZO等。

从全景相机的技术类型上又可以分为以下几种类别。

1.一体化VR摄影机

- 常见种类：OZO、Ladybug5、Upano X ONE、Insta360 ONE系列等（图5-4）；
- 价格：2 000 ~ 320 000元人民币不等；
- 特点：便携、全景拍摄和VR直播、简单操作、拍摄角度360°水平和垂直、4 K/6 K/8 K分辨率；
- 后期：实时图像处理和拼接，节省人力和时间；
- 优点：一体化、便携化、实时拼接是发展趋势，将成为主流；
- 缺点：图像质量有限，实时图像处理拼接在细节上存在瑕疵。

2.专业摄像机（如红龙）组合VR摄影机

- 常见种类：Next VR（6台）、UpanoJ2VR（4台）（图5-5）；
- 价格：200万 ~ 400万元人民币；
- 特点：全景录制、VR直播、6 K分辨率、360°水平240°垂直拍摄角度、好莱

图5-4 一体式VR相机

资料来源：https://techthelead.com/nokias-professional-vr-camera-ozo-comes-with-a-staggering-price/, https://www.insta360.com/cn/product/insta360-onex2.

图5-5 由红龙电影摄像机组成的VR摄像系统
资料来源：BEN L. Crazy Camera Rig Captures Volumetric VRVideo wit 14 Cameras and LiDAR[OL]. [2016-09-01]. https://www.roadtovr.com/crazy-camera-rig-captures-volumetric-vr-video-with-14-cameras-and-lidar/.

图5-6 GoPro运动相机组合VR摄影机
资料来源：https://i.pinimg.com/originals/28/e5/d9/28e5d924d260e80053525860c5d31b4c.png.

坞级画质、可以进行3D效果影片录制；

- 后期：需专业工作人员进行画面拼接；
- 优点：高级别影视级拍摄质量；
- 缺点：价格昂贵，多为租赁服务而非直接销售。

3. GoPro运动相机组合VR摄影机

- 常见种类：Google Jump（16台）、Odyssey（16台加强版）、Omni（6台）（图5-6）；
- 价格：3万~10万元人民币；
- 特点：全景录制、360°水平但垂直角度有限、4 K/6 K/8 K分辨率、容易过热死机、供电时间短；
- 后期：无法完全帧同步，需大量人工拼接，存储和压缩挑战大；
- 优点：价格便宜，使用场景广泛；
- 缺点：后期制作麻烦，人力和经济成本高，应用受限可能被市场淘汰。

第二节　全景拍摄设备拍摄实践

综合考虑现有全景拍摄设备操作难度、成像质量、后期制作难度以及成本等因素，本教材主要以一体化全景相机为具体操作设备，从创作层面出发，对全景相机的使用方法以及相关技巧进行简要说明。

一体化的全景相机通常由集合双鱼眼镜头（Insta360 ONE系列）或多镜头（Insta360 Pro系列）为一体的机身构成，在摄像机的安装、使用及携带等方面都达到了传统相机甚至是运动相机的便携性，使其成为获取360°全景画幅影像素材最方便的设备。

一、相机使用方法和相关技巧

本书以Insta360 ONE X作为示例拍摄设备，简要介绍如何使用全景相机进行拍摄的注意事项和相关技巧。影石科技公司自推出Insta系列相机起，就将全景拍摄设备作为其公司的主要系列产品，并在研发产品的过程中推出配套的后期处理软件，以便处理其设备产出的特定封装格式"insv"。在操作上，多数一体式的全景相机机身并不具备有独立的显示器。通常的监视模式为使用手机、平板电脑等其他设备通过无线局域网连接设备进行监视。这种拍摄模式也契合全景摄影的特性，便于拍摄者从画面中隐藏自己，获得理想的拍摄画面。

以苹果手机连接Insta360 ONE X全景相机为例，下载并启动ONE X App，打开相册页，选择"连接Wi-Fi"。

第一次连接相机时，需选择手动连接，选择你所要连接的相机（相机名称默认为"ONE X xxxxxx"，xxxxxx为相机序列号后六位）。在相机和App按照提示完成授权。首次连接时，相机显示屏会弹出连接确认提示，请单击相机大按键进行连接操作。连接完成后，手机即可作为全景相机的监视器以及参数设置的操作面板，便于下一步的拍摄。

二、拍摄位置的选择

首先，当使用全景相机进行拍摄时，需要根据不同的拍摄需求，确定合适的拍摄位置。例如，需要记录某个固定环境时，一般采用固定机位的拍摄方式，由于全景相机能够获取全方位的视频画面，一般采用体积较小的脚架作为固定器材的设备，便于降低后期处理器材穿帮过程中对整体画面的影响。

其次，全景相机的球状画幅特性为其增添了更多的拍摄自由度。在运动机位的拍摄中，全景相机并不需要进行传统相机所需要的调平操作。但是在首次拍摄前，应当根据操作软件中的提示对相机内部的陀螺仪进行校正。校正陀螺仪是拍摄准备中必不可少的一步，如果没有校正就直接拍摄，可能会出现画面水平线歪斜的情况。

以Insta 360系列产品为例，其所拍摄的"insv"格式素材在后期处理中可以自动识别垂直方向，通过动态调整画面的旋转来达到稳定的画面效果。因此在具体拍摄过程中，全景相机可以通过各类延长杆或固定装置，获取各种非常规角度下的全景素材。例如汽车底盘、桥洞等不易架设传统相机的位置，以及特技运动员进行表演时的超近距离拍摄：如置于运动员头盔顶部，或直接由运动员手持装配有延长杆的全景相机。这些拍摄技巧在创作特定题材的VR影片时，可以灵活使用。

再者，不论是哪种类型的全景相机，其成像原理都是使用两个或以上画面进行后期拼贴，以常见的消费级全景相机为例，在具体的画面拼贴部位，尤其是接近画面顶端和画面底部的位置，仍然可能出现较为明显拼贴痕迹，因此在拍摄的过程中，应当参考相机预览画面，通过旋转相机角度的方式有意避免使重要画面信息的方位处于拼贴位置上。

三、拍摄参数的设置

全景相机的参数设置逻辑同传统相机大体一致，可以调整ISO、快门、白平衡等参数。以Insta 360 ONE X为例，相机镜头的传感器尺寸为1/2.3英寸，光圈值固定为2.0。具体的参数调整自由度视不同设备而有差异。考虑全景拍摄的特性，一般情况下推荐使用全手动设置。全景环境中的灯光条件更为复杂，使用手动曝光可以保证画面中的重要位置始终处于正确曝光的条件下，而非由系统自动识别。这一点在运动镜头的拍摄中更为明显，运动的全景摄像通常伴随着场景和光影的变化，使用手动曝光可以保证画面光影的稳定。

如果拍摄的场景中具有强烈的光影变化而镜头中又要求画面呈现连续稳定的效果，这种情况下推荐使用自动曝光进行拍摄。

四、全景创作虚拟现实影片的局限性

（一）技术局限性

Everest VR是一个让用户体验登顶珠穆朗玛峰的VR应用（图5-7）。它展示了VR技术在提供独特体验方面的潜力，但也暴露了分辨率和图像质量方面的限制。为了创造真实感，项目团队使用了摄影测量技术捕捉珠穆朗玛峰的真实景象，但即便是使用了高分辨率的图像，用户在VR头显中仍能感觉到明显的像素化和细节损失。这是因为VR设备需要极高的分辨率来覆盖用户的整个视野，目前的技术水平尚未能完全满足这一需求。以Insta360 ONE X2为例，该设备在进行全景画幅时，将画面平铺之后的录制

图5-7 Everest VR内容截图
资料来源：Everest VR 软件。

图5-8 Google Earth VR截图
资料来源：Google Earth VR 软件。

分辨率能达到5.7 K，但是在360°画幅的观看条件下，实际体验感也只能勉强达到1080 p画质水准。

解决方案方面，技术进步是关键。随着GPU性能的提升和新型显示技术的开发，未来的VR设备将能提供更高的分辨率和更佳的图像质量。同时，开发者也在探索如动态渲染技术，即根据用户的视线焦点来调整图像质量，以此减少对处理能力的需求。虽然在一些VR纪录片、专题片以及电影级VR影片这样的应用场景下，高画质是决定最终影片体验感的重要因素，但是通常低预算条件下基于全景拍摄的VR影像创作，更重要的仍然是构思一个精巧的故事与视点。

（二）硬件兼容性和可接入性

Google Earth VR让用户能够在虚拟现实中探索世界各地的真实地理位置（图5-8）。这个应用展示了VR的惊人潜力，但也暴露出硬件兼容性和可接入性的挑战。Google Earth VR最初只支持高端VR设备，如HTC VIVE，这限制了它的可达性。随后虽然扩展到了其他平台，但用户体验在不同设备间存在差异，由于硬件性能的不同，图像质量和操作流畅度也有所不同。为了解决这些问题，开发者需要采取跨平台开发策略，优化应用以适应不同性能水平的设备。此外，随着云计算技术的发展，云渲染VR内容也成为可能，这可以降低用户端硬件的要求，使更多人能够进行高质量的VR体验。

（三）观众体验的局限性

虽然为用户提供了高度沉浸式的体验，但也引发了部分用户的运动病问题。运动病主要由于虚拟环境中的视觉移动与身体的静止状态不匹配引起。为了缓解这一问题，一般建议开发者采取了包括优化动画平滑度、减少视觉场景中的突然移动、引入定点参照物等措施，以及采用载具运动而主角不动的方式，提供一种乘坐载具的运动感而非身体本身的运动感来平衡不适。

教育用户如何使用VR，以及在体验前提供明确的警告和建议，也有助于减少不适感的发生。此外，给予用户更多的控制权，让他们能够调整体验的强度或选择适合自己的视角，也是减轻运动病的有效方法。在下一章中，平衡视觉移动与身体静止之间的关系将是基于虚拟现实的交互VR影像创作的一项重要指标。

另外，诸如此类的第一人称视角的VR视频制作，普遍存在难以处理观众视角（全景相机）在拍摄中与演员身体之间的关系，要么是架空演员背后，形成一个伪第一人称的第三人称视角；要么就是直接忽略演员身体，观众在观影时如果低头会发现自己没有身体。由于视野自由度高而观影系统与观众身体动作之间的弱交互属性导致的观众视野和影片中的身体不匹配等情况时常出现，且在成本有限的情况下难以得到根本性改善。因此在创作中需要尽量回避这些问题，或者以基于三维引擎的纯虚拟制作方式，配合合理的观众注意力引导进行改善。

以VR剧情片 *Defrost* 为例，影片以第一人称视角讲述了主角因病在经历30年的冷冻后，解冻后重新认识自己家人的故事。影片由两部分组成，第一部分是主角苏醒后在轮椅上被医生推行的过程，第二部分是不同的家人与主角进行沟通的行为。如图5-9所示，导演用了以VR摄影机配合身体模型组合的方式进行摄制，不难发现，这里存在一个取巧的设计：主角是没有四肢行动能力的病人。若是主角本身是健全人，那么该拍摄方案便难以实施。另外，影片仅有的移动镜头是主角被医生推行的过程，这里也巧妙运用了轮椅前行时身体静止的状态与观众坐下观看时静止状态的匹配，减轻镜头运动带来的不适感。

以VR动作片 *The Limit* 为例，该影片虽然在VR播放平台发布，但实际上其并非

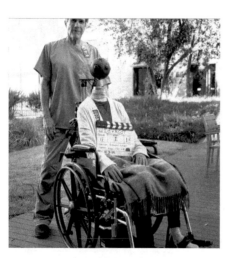

图5-9 *Defrost* 现场花絮

360°全景画幅的VR影像，而是180°画幅，从其幕后花絮所使用的拍摄方案截图也可说明这一点，也佐证了360°全景影像与第一人称运动镜头拍摄之间难以调和的矛盾。该片展示作为特工的主角战斗的过程中，情节有意设计主角被打倒在地缓慢爬行，而又恰好可以在一个合适的角度观看女主角与敌人进行战斗，完成最大幅度的几个动作，一来给观众带来一种贴身近距离参与战斗的沉浸体验，又以主角本身的轻动作设计舒缓了剧烈运动带来的冲击感，将观众由视觉和身体运动不匹配导致的不适感降低，最后180°的画幅限定了观众的视野范围，其观影体验实际上更加接近于球幕电影（图5-10）。

图5-10　*The Limit*剧照及拍摄花絮
资料来源: https://www.youtube.com/watch?v=g40MhluYsjs.

（四）内容创作的局限性

The Invisible Hours 是一个虚拟现实环境下的互动剧情游戏，让玩家在一个复杂的谋杀案故事中自由探索、观察和推理。这个项目展示了在全景环境中叙述故事的新方法，通过让用户自由探索不同的故事线，实现了非线性叙事。这种方法提出了如何在VR中有效引导观众注意力的问题，以及回答了如何处理故事的节奏和结构以保持用户兴趣。

然而针对全景拍摄为主要素材的VR影像而言，设定多线叙事的故事情节所需要拍摄的素材体量过大，加上由于全景素材本身高分辨率对设备性能的高要求。再加上全景拍摄影像实际上只是真实影像的一种投影，其本身无法像基于计算机图形技术创建的虚拟现实一样进行实时交互，这些属性都将以全景拍摄技术为基础的VR影像创作限定在一个相当有限的范围内：第一人称视角为主导、重视觉体验轻交互体验、静态视角为主、镜头剪辑方式较为单一等。对于内容创作者来说，关键在于创新叙事结构和技术，利用VR的特性来创造新型的故事体验。这可能包括开发新的视觉和音频提示系统来引导用户的注意力，以及利用空间音频和交互元素来增强故事的沉浸感。

综上所述，VR影像在创作条件、观众体验及媒介形式等方面都存在一定的局限性，但是其所呈现的对现实的全方位模拟还原的特点是不可取代的，同样也是VR影像创作最具特色与影响力的部分。

（五）创意构思的方向和实践案例

VR沉浸式叙事在纪录片中占据着特殊的地位。*Clouds Over Sidra* 这部纪录片便是一个典型例子（图5-11），通过讲述一名12岁叙利亚难民营女孩Sidra的日常生活，让观众以全新的视角体验她的世界。在这种特定的纪录片情境下，这种沉浸式的体验方式通过全面展示人物所

图5-11　*Clouds Over Sidra* 海报（360°全景展开图）
资料来源: https://slidetodoc.com/presentation_image_h/13e2edca9e22446e8eb396c9482e8dd1/image-23.jpg.

处环境激发观众的同情心和理解，同时也增加了观众对于当前难民处境的认知，从而对社会议题产生深刻的个人反思。这不仅展示了VR全景影像在传递强烈情感和社会信息方面的能力，也证明了其作为新闻报道和纪录片工具的潜力。

在剧情片创作中，即便存在诸多限制，创作者们仍然竭尽所能创建独具特色的VR影像。例如*Defrost*以第一人称视角探讨未来医学进步之后可能出现的新的家庭伦理问题。《移魂杀阵》以主角经历的医疗腐败事件为起点，以其死后鬼魂的视角展示了当下穷富阶层之间的冲突与压迫。Felix & Paul工作室推出的*Miyubi*更是一部长达45分钟的VR剧情片（图5-12），影片讲述了家庭陪伴型机器人Miyubi在1982年被购入一个典型美国家庭后，和家庭中不同成员之间发生互动的故事：与小女儿玩过家家游戏、参与大儿子与朋友的小聚会并险些被销毁、被小儿子带到学校上课被围观、与全家人共进晚餐等，以小机器人的视角展示了一系列属于当地人群特定的时代回忆，带领观众领略美式家庭的独特氛围。

这些题材或许并不新颖，但是其与全景影像的碰撞还是能产生独一无二的沉浸感，为剧情片创作拓展了一种新的方向。

艺术和展览方面，VR全景影像为艺术家提供了新的表达平台，也为观众提供了新的艺术欣赏方式。*The Night Cafe*以梵高的画作为灵感，创造了一个可以让用户在其中自由移动的虚拟环境，这不仅让用户从物理上接近梵高的艺术，更是从情感上与之产生了联系。用户可以在这个虚拟环境中体验梵高的世界观，感受他的情感波动，这种体验方式为艺术欣赏和教育提供了全新的维度。而这样的艺术展也拓展了实拍影像的应用范围：一种超越全景线上展厅的全景沉浸式艺术展览。同时诸如Team Lab推出的系列交互艺术展，也在展览方式上充分利用了全景成像的原理，营造独具特色的沉浸式观展体验（图5-13）。

随着VR技术的不断进化，我们将会看到更多创新的全景影像作品，它们将会在叙事技巧、交互设计、视觉艺术等方面不断突破，为用户带来更加丰富和深刻的体验。

图5-12 *Miyubi*剧照（360°全景展开图）
资料来源：https://www.youtube.com/watch?v=VqbLFQ4F3zA.

图5-13 Team Lab展馆现场
资料来源：https://www.smartticket.cn/venues/teamlab_borderless.

第三节 后期制作流程和模式

全景相机拍摄的VR影像提供了一种全新的沉浸式体验，让观众能够在虚拟环境中自由地查看周围环境。这种体验背后具备一个系统的后期制作流程，确保最终产出的影像具有高质量且能够在各种设备上无缝播放。逻辑上，从相机镜头的素材获取到影片最终呈现的过程中，具备以下几个步骤。

（1）影像拍摄

后期制作的第一步始于拍摄阶段。使用专门的全景相机或多个同步运行的相机从不同角度捕捉场景。全景相机通常配备有多个镜头，能够同时覆盖360°的视场。拍摄时，应注意光线、曝光和拍摄角度，以确保后期制作时能够高效拼接。

（2）图像拼接与优化

拍摄完成后，下一步是将不同角度拍摄的图像拼接成一个连续的全景图像。这一步骤通常通过专业的软件完成，如Insta360相关软件、Autopano Video或其他专用的VR编辑软件。这些软件能够自动识别图像间的重叠区域并将它们拼接起来，同时校正畸变和不一致的曝光。畸变校正是为了消除由于镜头特性引起的视觉扭曲，而图像优化则包括色彩校正、亮度调整和对比度优化等，以提高视觉效果和真实感。

（3）全景视频剪辑

全景视频的后期处理从原理上与传统影像的非线性编辑一致，使用Adobe Premiere等软件，创建时间线序列，将拍摄所得的视频素材进行有序拼接剪辑，值得一提的是在剪辑素材的使用上，非全景画幅的视频同样可以拼接到画面中，已经拍摄拼接好的全景画幅素材也可以再次进行拼接。

（4）音频处理

音频是提升VR体验沉浸感的重要因素。根据VR影像的内容，可以添加环境音效、配乐或旁白。空间音频处理是此阶段的关键，它能够根据用户的头部位置和朝向调整音频，模拟真实世界的听觉体验。

（5）特效制作

经过上述所有编辑和调整后，最后一步是渲染。这一步骤将所有的视频和音频元素合成为一个文件，确保其能够在VR头盔或其他播放设备上流畅播放。渲染时需要考虑输出格式和分辨率，以适应不同的播放平台和设备。

（6）测试与调整

在最终输出之前，进行全面的测试是必不可少的。这包括在不同设备上播放VR影像，检查是否存在图像质量问题、播放流畅性问题或音频不同步的情况。基于测试结果进行必要的调整，以确保最佳的用户体验。

一、全景相机拍摄素材的多镜头拼合

全景VR视频的拍摄通常需要使用多个摄像头同时从不同角度捕捉场景。这些摄像头被安置在一个特制的支架上，以确保它们可以覆盖360°的视场。从原理上来看，拍摄完成后，来自各个摄像头的视频需要经过特殊的软件处理，将这些分散的视频片段拼接成一个连续、统一的全景视频。

图像拼接处理包含图像对齐、接缝处理和色彩亮度调整这三个步骤。第一步，图像对齐。软件首先需要识别各视频之间的重叠区域，并对这些区域进行精确对齐。这一步骤通常涉及复杂的算法，如特征点匹配、图像变换等。第二步，接缝处理。即使在精确对齐后，不同视频间仍可能存在接缝。通过使用混合算法在重叠区域内进行平滑过渡，可以有效地隐藏接缝，使拼接后的视频看起来更加自然。第三步，色彩和亮度调整。为了进一步增强拼接视频的自然度，软件会对色彩和亮度进行细致的调整，确保整个全景视频的色调一致性。

在当前的技术条件下，多数一体化的全景拍摄设备都在机内就能完成对图像的拼合处理，以双鱼眼镜头作为拍摄组件的Insta360 ONE X为例，机身中可将两视角略大于180°的镜头进行拼接，并可供用户在手机上远程实时监看，在录制的同时就完成了画面拼接、接缝处理和色彩调整。

在后期处理中，只需要使用相应设备的配套软件，对素材进行格式转换封装，即可在剪辑软件中进行下一步后期处理工作。以Insta360系列产品为例（图5-14），使用

图5-14　Insta360 Studio 操作界面
资料来源：Insta360 Studio 2024 软件。

Insta360官网提供的Insta360 Studio 软件打开Insta360 相机录制的insv视频，即可将视频导出为Mp4或MOV格式视频，并选定方向锁定、防抖等功能，为后期剪辑进行初步的素材处理。

VR视频的局限性之一是对画面像素的极高要求，在一些商业级的应用场景中，不可避免地需要使用专业级摄影机进行拍摄，在这样的情况下，仍需遵循上述的基本步骤进行画面处理工作。

二、影片剪辑的基本思路

VR影片的剪辑思路，主要基于影片故事线的安排以及视角设计，这些要素应当在影片立项和拍摄的过程中被确定下来。VR影像与传统影像的显著区别就在于其空间叙事能力更强的突出特征，在单个镜头当中，VR影像具备的360°画幅可以承担更多的画面内容，VR影像也可以通过一系列手段引导观众视线，在同一个镜头内达成传统影像中需要多镜头剪辑而达成的效果。因此在VR影像剪辑的过程中，其遵循的基本思路与传统影像之间仍然存在一定差别。

在全景VR视频的剪辑中，故事线的构建尤为重要。制作者需要考虑如何通过360°的视角讲述故事，如何引导观众的注意力，以及如何通过视觉线索和声音设计来增强叙事效果。要有效引导观众的注意力，有以下几个方面的注意事项。

（一）合理的戏剧节奏编排

由于观众可以自由选择视角，制作时需考虑在不同的视角下都能保持故事的连贯性和吸引力，尽量避免产生短时间内画面中同时出现多个信息密集区域，以至于观众在观影的过程中错过重要信息，影响观影体验。在一些特定的场景下，例如VR纪录片中的闹市区镜头或者一些特定的剧情片情节中，创作者也可以通过场景中同时存在多个密集信息区域的方式来制造一种"感官超载"的眩晕感。这类效果在VR影像中的沉浸感表现要明显强过传统影像中的类似镜头。正因为叙事空间中VR影像承载信息的能力要远高于传统影像，创作者在进行VR影像的剪辑时要更多地考虑镜头组之间信息密度的排布方式，有节奏地展开叙事，避免使观众在观影过程中顾此失彼，长时间保持紧张状态。全景VR视频的剪辑节奏应当与故事内容和观众的体验密切匹配。由于全景视频提供了更加沉浸的观看体验，过快的剪辑节奏可能会导致观众感到不适。

在上文提到的影片《移魂杀阵》中，导演在几场戏中的信息编排就是一个典型的例子，前三场戏都处在室内，始终有一面是空白的墙壁，使得观众的注意力焦点被限制在180°～270°的范围内，在最后一场戏才在360°的范围中增添了有效信息，但是其节奏也适当放缓不至于让观众无暇顾及。

（二）合理的观众视角设计

从达成注意力指引的角度出发，设定一个类似"向导"的角色可能是最为直白的方式，例如上文提到的影片 *The Limit*，女主角始终出现在男主角第一人称视角的关键位置，引导着剧情节奏的发展。通过有节奏地安排特定的角色进行对话及表演，达成视觉引导的效果。另外，观众本身的视角位置以及观影时所采用的设备与所处位置都会影像观众的观影方式，若观众所处的观影视角是一个静止的客观视角，那么观众可能倾向于四处张望，此时有利于安排更丰富的场景并减缓镜头剪辑的节奏。而如果观众所处的位置是模拟影片中某个角色的视角，可以在该角色视角范围内设计更多的有效信息，以吸引观众注意力并提升沉浸感，这种情况下不建议使用大幅度运动镜头，可能会因为视野运动和身体状态不匹配导致失衡、恶心等"运动病"症状。

在影片 *Miyubi* 中，导演在每个场景都将小机器人 *Miyubi* 放置在最佳视野位置，观众无需进行太大幅度运动就可以便捷地获取当下环境中的所有信息，巧妙设计的场景位置可以有效减轻后期剪辑压力，并且能够较好地引导观众注意力（图5-15）。

（三）合理的场景元素添加

场景中的元素设计也是引导观众注意力的重要手段，在拍摄和剪辑时采用特殊的技巧，比如使用引导线索（如光线、动作或声音）来吸引观众；合理安排叙事发生的空间，使用空间结构中透视的方向性来引导观众的视线。剪辑的过程中，我们还可以通过后期效果控制场景当中亮暗部分转变以达成注意力指引。例如在《移魂杀阵》中，片中有一个情节是主角的鬼魂手拿镜子让观众能看到主角被挖去双眼的惨状，于是在这一幕中，镜子成了画面的注意力中心，周围的环境都使用了压暗模糊的处理方式（图5-16）。

图5-15 *Miyubi* 剧照（360°全景展开图）
资料来源：https://www.youtube.com/watch?v=Vqb
LFQ4F3zA.

图5-16 《移魂杀阵》剧照（360°全景展开图）
资料来源：Yuri.如果圣丹斯的Defrost是文艺片，
VRRV的《移魂杀阵》更接近商业片[OL].[2016-02-
03]. https://www.36kr.com/p/1721022431233.

（四）剪辑的视觉流畅性

在全景VR视频中，过渡效果的设计尤为重要。一般来说需要通过平滑的过渡效果来减少场景切换时的视觉冲击，增强视频的流畅性和连贯性。此外，虽然VR影像主要靠单个镜头内视角注意力转移来达成叙事节奏的推进，但在不同镜头衔接时，仍然可以借用传统影像剪辑中的相似性转场、动作匹配转场、

图5-17　*Miyubi*场景切换界面（360°全景展开图）
资料来源：https://www.youtube.com/watch?v=VqbLFQ4F3zA.

障碍物遮挡转场等基本剪辑技巧，可以有效提升镜头之间的流畅性。另外，在Adobe Premiere Pro、Final Cut Pro X中，都预设有一些专供360°画幅视频所使用的转场特效，可以根据具体情况结合使用。

在*Miyubi*中（图5-17），每次转场都是由于小机器人自身关机、断电之类的设定，使用重新启动的方式进行转场，在全景拍摄的VR影像中，使用剧情中的物品或特别设定为中介进行场景衔接是非常有效且便捷的方式，其优势在于转场无需太多技术设计，逻辑合理且效果自然。

（五）音频空间化处理

为了增强全景VR视频的沉浸感，音频的空间化处理至关重要。这涉及将音效和背景音乐设计成可以根据观众视角的转换而变化的立体声，模拟真实环境中的声音方向和距离。

利用音频引导观众的注意力，是全景VR视频中一个重要的剪辑思路。通过变化音量、音质或者音效的位置，可以有效地引导观众关注到视频中的特定元素或场景。

（六）色彩校正与风格化

全景VR视频的色彩校正不仅仅是为了保证画面色彩的自然和谐，还可以用来创造特定的视觉风格，增强故事的氛围。例如，通过调整色温和饱和度，可以模拟不同的时间段（如黄昏或黎明）；增加或减少对比度可以制造神秘或明亮的场景氛围。

由于全景视频通常由多个摄像头拍摄而成，因此保持各个镜头之间的色彩一致性是一个挑战。使用专业的色彩校正软件可以有效解决这一问题，保证整个视频的色彩连贯性。

为视频添加风格化效果可以增强视觉体验。例如，应用老电影效果、黑白色调或是科幻风格的视觉效果，可以根据视频内容和叙述需求进行选择。

（七）字幕与说明性图文添加

在一些纪录片以及专题片的场景中，创作者需要观众注意到场景中的特定内容，并需要解释说明其背后的含义。在这种情况下，合理运用字幕与其他说明性图文叠加到全景画面中，可以快速说明画面中关键信息，或者协助观众对新切换场景的基本信息进行了解。以VR专题片学生作品《角里四桥》为例（图5-18、图5-19），影片主要介绍上海朱家角古镇中的四座古桥，一方面通过在画面正下方添加说明性地图来揭示几个场景的空间位置关系；另一方面在具体桥梁上添加说明性字幕，结合旁白语音便于观众顺利理解视频内容。

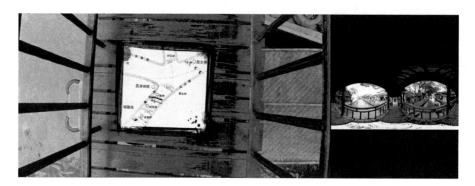

图5-18 《角里四桥》中的参考地图
资料来源：https://pan.baidu.com/s/1Ai6aoeHhrUiOA8_7KEL7UA?pwd=mbwe.

图5-19 《角里四桥》中的字幕
资料来源：https://pan.baidu.com/s/1Ai6aoeHhrUiOA8_7KEL7UA?pwd=mbwe.

三、后期制作实操软件选择

选择合适的后期制作软件是成功完成全景VR视频编辑的关键。市场上有多款支持360°视频编辑的专业软件，如Adobe Premiere Pro与Final Cut Pro X，提供了丰富的全景视频编辑工具和特效库。这些软件可以支持在剪辑的过程实时预览投影在360°画幅上的影片内容，便于创作者直接预览成片效果（图5-20）。

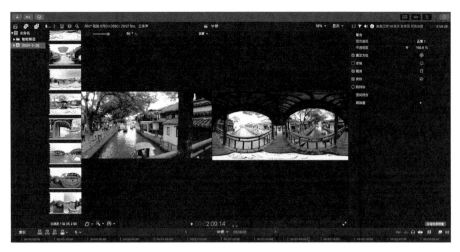

图5-20　在 Final Cut Pro X 中编辑全景视频

资料来源：Final Cut Pro X 软件。

最终输出与格式选择包括以下几点。

1.输出格式

根据发布平台的要求选择合适的输出格式。一般而言，全景VR视频的常见格式包括MP4、MOV等，支持不同程度的压缩以适应不同的播放需求。

2.分辨率与比特率

为了保证视频的质量，需要根据播放设备的性能选择适当的分辨率和比特率。高分辨率和高比特率能够提供更清晰、更流畅的观看体验，但同时也会增加文件的大小和对播放设备的要求。

最终审核与调整，在全景VR视频的后期制作接近完成时，进行一次全面的审核和调整是非常必要的。这一过程包括对视频全方位的检查，确保没有遗漏的拼接错误、视觉畸变或音频问题。此外，还需要确保视频的交互元素能够正确无误地工作。

3.测试观看

在不同的设备上测试视频，包括VR头盔、智能手机和电脑，确保在所有平台上都能提供良好的观看体验。

4.反馈收集

向一小部分目标观众展示视频，收集他们的反馈意见。观众的反馈对于发现问题和进一步优化视频非常有帮助。

四、全景特效的添加

影片特效也是引导观众注意力的重要手段，虽然全景影像本质上是一种低仿真程度"虚拟现实"，但是其中所使用的影像素材既可以是实拍内容，也可以包含纯三维制作的虚拟场景素材。这些素材的搭配使用，能够在不破坏沉浸感的情况下丰富观众体验感，达成特定的观影体验。

（一）全景特效的应用

主要是空间定位特效，即在全景VR视频中添加特效时，需要考虑特效在三维空间中的定位。这包括特效的位置、大小以及与观众视角的关系，确保特效能够增强视频的沉浸感而不是破坏它。

（二）特效添加和调整

在全景VR视频中添加特效时，需要特别注意特效与现实环境的融合程度。这可能需要对特效进行详细的调整，包括颜色、亮度、饱和度以及三维空间中的定位。对于移动的物体或人物，特效需要能够动态跟踪它们。这通常需要使用软件中的跟踪功能，确保特效能够自然地融入视频中。

（三）交互式特效

考虑到VR视频的互动性，可以设计一些随着观众视角移动而变化的特效，如视角跟随的文字说明、互动式的信息点等。添加交互元素需要应用到虚幻引擎这样的三维软件，用于交互系统的设置。该部分内容在第六章展开阐述。而用于交互系统的相应音视频素材，仍然需要在剪辑软件中进行事先调整。例如以下两个案例。

一是热点添加。在视频的特定场景或物体上添加可点击的热点，观众点击后可以看到更多信息或切换到另一个场景，这样不仅丰富了内容，也提高了观众的参与度。

二是路径选择。允许观众在视频中作出选择，决定故事的发展方向。这种交互式叙事为全景VR视频提供了更多创新的可能性，但同时也对剪辑和逻辑设计提出了更高要求。

同样以影片 *The Limit*（图5-21）和《移魂杀阵》（图5-22）为例，前者的主角在设定上是身体改造过的特工，具备扫描敌人信息的能力，因此在一些视觉呈现混乱的场景中，结合剧情设定使用特效将关键敌人进行强调显示，就很合理地引导观众注意力，并提升画面信息获取的效率。后者在结尾的一幕，主角鬼魂唤醒了移植在富人女孩身上属于自己的眼睛，该过程导演使用特效的方式对这一超自然现象进行了风格上的强化，提升了最后的惊悚感，同时也借由这种恐怖的氛围表达其对这种不公平现象的立场。

通过上述简要的介绍，我们可以看到全景VR视频后期制作是一个涉及多个方面的

图5-21 *The Limit*剧照
资料来源：https://www.youtube.com/watch?v=
g40MhIuYsjs.

图5-22 《移魂杀阵》剧照（360°全景展开图）
资料来源：Yuri.如果圣丹斯的*Defrost*是文艺片，
VRRV的《移魂杀阵》更接近商业片[EB/OL].[2016-
02-03].https://www.36kr.com/p/1721022431233.

复杂过程。从剪辑思路的构建、特效的添加，到音频的空间化处理和最终输出格式的
选择，每一步都需要精心规划和执行，以确保最终产品能够为观众提供一个沉浸且引
人入胜的视听体验。随着技术的不断进步和创新工具的出现，全景VR视频的后期制作
将会变得更加高效和多样化，为内容创造者提供更多的可能性。另外，基于全景相机
拍摄素材的VR影像制作在交互方面的体验感仍然存在局限性。例如在第一人称视角下
如何处理观众视点和剧中角色身体之间的位置关系；又或者实时交互的VR影像中，交
互对象的可交互程度以及交互反馈体验设计等问题都不能得到完善的处理。单纯地使
用360°全景影像制作的VR视频仅仅在视听层面上达成了对现实的虚拟仿真。若是要进
一步在其他感官，乃至交互体验上达成更深层次的仿真，仍然需要引入更系统的VR体
验设备。在虚拟现实内容创作上，也需要创建一个可实时交互的虚拟现实空间作为基
础，而不是基于录制的全景视频这样的"现实的投影"。在下一章节中，我们将了解到
如何在当前计算机技术条件下便捷地创建一个虚拟现实空间并进行一些可交互的VR影
像创作实践。

6

第六章 基于三维交互技术的虚拟现实影像制作实践

20世纪70年代，三维图形的最早应用主要出现在模拟和军事训练领域，这些应用虽然不是严格意义上的VR，但也为后来的VR内容打下了基础。随着图形处理单元（Graphic Processing Unit，GPU）性能的飞速提升和三维建模软件的普及，开始出现了更加复杂和沉浸式的三维VR内容。这一时期，虽然VR设备仍然昂贵且不普及，但已经有了针对专业市场（如建筑可视化、军事训练等）的高质量VR应用。一直到2010年，Oculus Rift的推出标志着VR技术的新纪元，随后的几年里市场上出现了HTC VIVE、Sony PlayStation VR等优秀的VR设备，随着设备进步带来的也是更加高质量的三维VR作品。

本章将从三维交互VR影像的构建原理和特征开始讲起，阐明三维交互VR影像和前述的全景VR影像有何不同，其中一个很重要的概念即是"深度"，由此本章节中也将阐述何为"深度"，以及在VR影像中如何通过不同方法制造"深度"。过程中也涵括制作三维交互VR内容需要使用到的软件工具及制作流程，让读者对于影像内容的制作形成一个基本认知和想象，有助于之后个人的实践。

本章后半部分根据VR的特性，讲述三维交互VR内容中的虚拟环境和虚拟角色该如何设计，环境和角色是影像的重要组成部分，也在虚拟现实技术的加持下有了不同于传统影像制作的设计思路，作为一个尚在探索阶段的领域，本书会通过讨论的方式引导读者进行思考，并结合实际案例（业界作品和学生作品）说明三维VR中的叙事和交互模式，以及三维交互VR在不同领域中的应用。

三维交互技术作为计算机学科的产物，在虚拟现实技术这一高新媒介的技术赋能下产生了不同的可能性。作为VR影像的一部分，三维交互技术又有别于其他形式的VR影像技术，因此对于其的认知理解和实践有助于创作者们探索VR影像的全貌，使VR影像作品的创作更加成熟。

第一节　具有"深度"的虚拟现实影像的构建原理和特征

一、有"深度"的影像空间捕获

人类所处的世界是一个三维空间，"所谓深度知觉是指对物体判断其远近或辨识物体立体的知觉"[1]，心理学家认为深度知觉的产生是由双眼的调适作用、辐辏作用和双眼时差产生的[2]。纵观人类历史，如何在不同的媒介上体现深度知觉，出现许多不同的方法。传统绘画中画家利用光影、前后景遮挡的设置和物体的透视形变在平面的画布上来暗示空间的深度变化，在传统影像上则更进一步通过物体的连续运动尤其是纵向深度上的运动来显示三维空间的存在。一个有"深度"的影像空间允许观者从不同角度对同一个对象进行观赏，从而在脑中形成对其的立体理解，这一观察模式也更加符合人类的本能习惯，更贴近我们平常所观察到的世界，也因此在体验具有深度的影像空间时，我们往往觉得更具有沉浸感。

由全景相机拍摄的360°画幅影像被投射在一个球形的空间中，观者处于这个球形空间的中间点时能够无死角地对全景影像进行任意角度的观察，然而全景相机拍摄的画面只记录了当下的拍摄画面，相机位置所观测到的世界，本质上依然是一个平面的影像，观者只有在跟相机处于同一视点位置时才能获得一个正确的透视，观者只能旋转其视角但不能进行空间上的移动变化，因此由全景相机拍摄制作的VR影像在内容上通常也不会引导观者在观看影片时进行位置上的移动，而只是进行头部的旋转来进行观赏。三维VR影像与之不同，允许观者在一个空间中任意移动观察，其营造了一个真正具有"深度"的影像空间，而这背后得以实现的原因是游戏引擎和计算机实时渲染技术的使用。

生成具有空间深度的三维图像是3D图形的关键方面，涉及几个基本原则和技术，像3D建模、变化和投影、光照和着色、纹理映射、深度缓冲、实时渲染与预渲染、渲染管线等计算机图形学方面的专业知识，理解其背后原理需要一定的时间，故不在此做详细的解释。对于三维VR影像创作者来说，需要了解的是三维技术生成的VR影像构造了一个具有"深度"的影像空间，基于这一特性如何设计影像内容，营造观者的体验感是创作者需要进行思考的地方。

三维VR影像中，由创作者事先在三维软件中制作一个三维场景，并在其中放置三维角色，设计剧情动画、声效等来完成三维VR影片的制作，观者佩戴VR头显设备体验内容时，同时也在三维场景中生成了一个随时跟着其头部移动旋转的虚拟相机（图

1　张春兴.现代心理学[M].上海：上海人民出版社，2009：101.

2　R·L.格列高里.视觉心理学[M].彭聃龄，杨旻，译.北京：北京师范大学出版社，1986：155.

6-1），观者正是通过这一虚拟相机来观察三维VR空间，计算机根据虚拟相机的位置（即观者所处位置）实时构建和渲染整个虚拟环境，观者通过VR头戴装置所看到的每一帧画面都是基于虚拟相机和虚拟环境中的各种元素当下所处位置所形成的具有正确透视的影像画面，因此观者在虚拟空间中可以任意移动去观察而不会出现透视和光影上的穿帮，其感觉仿若真的处于一个真实的三维空间之中。

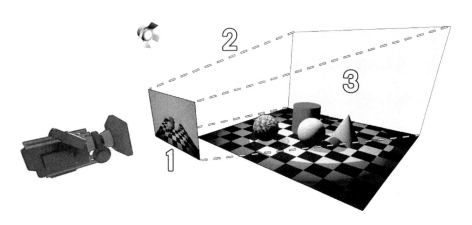

图6-1　三维空间中的虚拟相机

资料来源：https://docs.unrealengine.com/5.3/en-US/visibility-and-occlusion-culling-in-unreal-engine/.

二、光场相机构建深度空间及其原理

在拍摄现实环境和角色时，也并非完全没有方法拍摄具有深度的影像画面，与前面介绍的全景相机不同，光场相机允许拍摄者在拍摄后，后期制作具有一定深度的影像内容。

光场（Light Field）是一个用于描述光的流动方向以及从场景中的每一点出发的光线分布的概念，光场相机与传统相机不同，能够记录光的颜色、亮度和方向，因此可从数学上确定每束光线在到达传感器之前发出的位置。这意味着可以构建场景的三维模型。

捕获光场有几种技术，例如使用单个相机从多个角度捕获关于场景的信息或是多摄像机阵列，每个传感器从略微不同的角度捕获关于场景的信息，一次产生许多图像。还有一种比较常用的是微透镜阵列。在单个数码相机传感器前有数百个微透镜的阵列，允许捕获光场信息。这产生了一个由数百个子图像组成的图像（图6-2）。每张图像或子图像通过捕获在空间中稍微不同位置发出的光线而有所不同。因此，每个像素将显示稍微不同的场景，记录关于光线角度的信息。这可以计算出每个对象距离相机的距离和在场景中的位置，并最终开发出场景的3D模型（图6-3）。

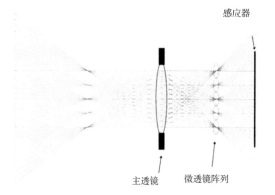

感应器

主透镜　微透镜阵列

图6-2　使用微透镜阵列的光场相机
资料来源: NICOAL P.The future of light field cameras and how they work[OL]. https://www.picturecorrect.com/the-future-of-light-field-cameras-and-how-they-work/.

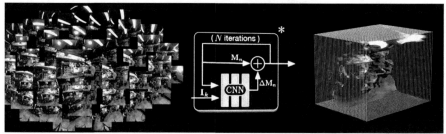

图6-3　光场相机记录多张画面形成三维空间
资料来源: BRITTANY H. Lytro Immerge 2.0 is a HUGE light-field camera rig for high-end VR production[OL]. [201-11-29].https://www.dpreview.com/news/6149054684/lytro-immerge-2-0-is-a-huge-light-field-camera-rig-for-high-end-vr-production.

　　使用光场相机拍摄并制作的VR影像相较于全景相机模式制作的VR影像，能够根据所使用的光场相机规格（如Lytro Immerge Light Field VR Camera）以及拍摄当下的环境，支持观者不同程度上进行位置的变化而不会出现明显的透视穿帮。然而相较于三维制作的VR影像，其局限性还是较大的，通常观者智能在70厘米的半径范围内进行移动，一旦发生超过这一范围的大幅度位置变化就会明显发现影像的透视出现错误或是影像画面出现漏洞，破坏观众的体验感。

三、三维软件和交互工具应用于虚拟现实影像

三维制作的 VR 影像，能够带给观者更好的沉浸感，创作者能够进行创意设计的空间也更大，但相较于使用全景相机或是光场相机拍摄实物对象，创作者需要创作包括环境、灯光、人物、道具、交互等的一切，而要制作这些内容需要依靠不同类型的软件工具搭配着使用，每个类型的软件服务于不同的创作目的。

（一）场景制作

和 AR 或混合现实（Mixed Reality，MR）采用虚实内容或环境结合的方法不同，VR 作为完全的虚拟仿真，需要创作者搭建一个完整的虚拟环境，即使这个虚拟环境看起来真实无比，那也是创作者的刻意为之。虚拟场景中可能包含地形地貌、建筑、道具、灯光、角色、声音等元素，要设计制作这些内容，创作者主要使用三维软件或是游戏引擎进行。

目前主流的三维软件有 3dMax、Blender，创作者可以使用他们构建自己想要的三维模型并赋予其材质，材质的制作除了在三维软件中进行也可以使用专门的材质制作软件，像 Substance Designer 和 Substance Painter。使用三维软件制作场景能够让创作者完全把控，将自己的设计完整地呈现。不过三维软件的使用需要一定的学习积累，新手很难直接制作出结构复杂、材质精美的三维模型。

对于三维软件的"苦手"来说，也可以使用游戏引擎进行场景的制作，事实上，因为游戏引擎拥有比三维软件更强大、模块更多的动能，并且三维软件制作出的模型也可以导入游戏引擎中使用，许多创作者会直接使用游戏引擎搭建三维场景。创作者可以在网上的资源库如 Quixel Bridge、Sketchfab、虚幻商城等找到现成的三维模型，并将其导入游戏引擎中直接使用。在游戏引擎中，创作者可以直接实时调整不同模型的摆放位置、角度、大小等属性，并观察它们在实时光照下的效果。目前主流的游戏引擎有虚幻引擎（Unreal Engine）和 Unity。

若创作者要创造的虚拟场景是在三维空间中还原一个现实世界的场景或道具，并且保持真实世界的材质质感，还可以通过三维扫描的方式将一组拍摄目标各个角度的照片生成拍摄物的虚拟三维模型，这种方法需要使用 Reality Capture 一类的软件。

（二）角色制作

三维世界中的角色本质也是一种三维模型，因此也需要使用三维软件进行制作，不过比起其他三维模型，角色在场景中通常是动态的，其动作、表情、服装、毛发都会发生变化，并非一个静态模型，因此也用专门的软件来辅助角色的制作。Marvelous Designer 便是一款制作角色服装的专门软件，可以根据服装的样式、材料、角色身形、动作、生成具有物理效果的服装及服装动画。

和场景一样，若创作者想制作还原真实人物的虚拟角色，也可以通过三维扫描的

方式拍摄真实人物生成其三维模型，虚幻引擎的其中一个功能模块Metahuman便能够较为方便地生成和真人极其相似的虚拟人。

（三）动画制作

要让前面制作的场景或是角色动起来，进行内容的叙事表演，需要赋予其动画，因此创作者还需要进行动画的制作，而这主要也是通过三维软件或是游戏引擎进行。在三维软件和游戏引擎中创作者可以创建时间线，就如同在视频编辑软件中一样，选中物体后，在时间线上打下关键帧。

制作动画是个细腻的工作，其中较为复杂的角色动画即使是专业的动画师也需要花费大量时间进行制作，因此创作者除了可以从网上寻找现有资源，也可以使用动作捕捉的方式制作。动作捕捉技术主要指通过动捕服、追踪装置或是摄像头捕捉真人演员的动作，并将其直接数据化形成动画资产，赋予虚拟角色后就能在角色身上还原演员表演的动作了。

（四）交互制作

三维交互VR内容中的交互元素，指观众能够和虚拟场景中的元素产生互动，如在虚拟场景中移动、打开一扇虚拟的门、和虚拟角色对话，这些都属于交互的一部分，而要制作交互功能需要通过游戏引擎。在过去，交互功能的实现需要通过代码进行编程才能实现，然而为了使不懂编程的创作者也能制作交互内容，主流的游戏引擎像UE和Unity都推出了图形化编程的功能，以UE中的蓝图（Blue Print）功能为例（图6-4），引擎开发人员将不同的功能、代码转变为一个个方便理解的蓝图节点，创作者只需要一些初步的学习便能通过连接不同的节点实现基本的交互功能。当然，和其他数字资产一样，创作者也可以直接从网上寻找现成的交互功能并直接应用在自己的项目之中。

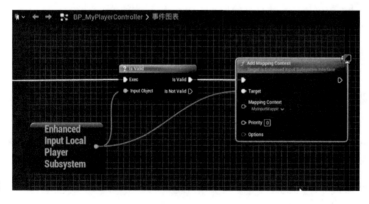

图6-4　UE中的蓝图系统将复杂的代码转化为易于理解的图形节点

资料来源：UE5蓝图界面截图。

第二节　虚拟现实影像中虚拟场景和虚拟角色的设置

一、基于三维的虚拟场景构建模式和目标

（一）场景设计

场景是指展开影像情节单元的特定空间环境，是全片总体空间环境的重要组成部分，一部影片的场景设计包含道具、灯光、色彩等元素，对影片最终的视觉质量至关重要。场景设计具有交代故事背景、烘托气氛、推进情节发展等重要作用。

VR场景设计与传统影片场景设计存在一定相似性，它们在影片中起到的作用是相同的，VR影片场景同样具有交代故事背景、烘托气氛、推进情节发展的作用，然而VR本身的特性又决定了其与传统影片场景设计存在不同。传统影像如电影，具有边界线性、间断性、假想性的特点，而VR影像则具有开放性、连贯性、沉浸性的特点。传统影像通过大量蒙太奇的手法，肢解了观众对环境的整体把握，观众只能通过一个个分裂的镜头拼凑场景，最后银幕上的内容也是由导演有意安排之后呈现的，观众无法建立对于环境的主观性认知。而在VR影片中，观众真正"进入"了影片的场景中，自由地选择观看的地方，全面地、自发地进行探索和感受，对场景有更为整体和明晰的把握。这是一把双刃剑，VR空间中的信息量将远远超过传统影像中所呈现的信息量，如果导演无法有效安排、引导观众，整个影像空间将变得杂乱无章，观众的视线将不知所措，淹没在信息的海洋中而错过重点。同时在VR影片中，物体距离摄像机（观众）的位置替代了传统影像中的景别，如何根据空间中的远近、位置来有效安排场景中的信息，推进情节发展就变得格外重要。

为了帮助VR影片导演设计场景，有学者提出了"聚焦区"的概念（图6-5），根据不同视野区域对于观众的吸引力程度不同，可将其划分成直接聚焦区、分聚焦区和间接聚焦区[3]。

图6-5　聚焦区的分类
资料来源：刘子豪.VR电影空间的场景设计与研究[D].北京：北京邮电大学，2023.

3　刘子豪.VR电影空间的场景设计与研究[D].北京：北京邮电大学，2023.

直接聚焦区在观众的正前方约120°视野范围内，是故事情节的"主舞台"，观众一般长时间聚焦于此。分聚焦区为两侧60°范围的视野空间，观众的头部扭动角度需要改变才可以观看到，所以对此区域的观看频率会略有下降。间接聚焦区为后方120°的范围，观众需要大幅度扭转身体才可以看到，因此对于观众的吸引力也是最低。而每个聚焦区又存在"封闭"和"开放"的状态，也就是导演通过种种手法对该聚焦区的可视空间进行限制。通常而言，我们会希望将影片的重要情节发生场景选在直接聚焦区中，以防观众错过影片内容重点。

然而导演毕竟无法完全掌控观众会看向哪里，因此在不同聚焦区中道具的布置十分关键，应当充分利用观众的好奇心来达到环境叙事的效果。VR动画短片 *Henry* 中，导演便在观众后方的间接聚焦区的封闭区域的墙上放置了刺猬亨利和他曾经朋友的照片，交代了亨利因为身上的尖刺而难以交到朋友的伤心经历，这一设计在避免后方空间空洞乏味的同时帮助观众理解故事情节。除了交代背景，有学者还整理了环境叙事的进阶功能，如代叙事线索，推进故事情节（表6-1）[4]。不同等级下，受众的体验和行为也不同。

表6-1 环境叙事的进阶功能

功能等级	虚拟环境叙事功能	受众体验
基本	交代背景	观察，了解故事环境
进阶	融入叙事线索，参与叙事情节	行走、探索、简单交互
高级	决定叙事分支，推进故事情节	行走、探索、深度交互

除此之外，场景设计的同时创作者也应当考虑规模、视觉风格、光影、导航等细节。适当的场景和角色、道具规模能够帮助营造沉浸感，例如，如果你在飞行模拟器中看到一只巨大的鸟，不合现实比例的鸟飞过窗户，这会立即打破你的沉浸感，从而整个模拟的目的就被破坏了。当然，在某些情况下，不成比例的缩放可以营造特定的观者体验，比如一个充满巨人的关卡，在这一情况下为了实现规模感，其他一切都应该匹配巨人的大小，用户应该从微型化的视角观看事物。不管你如何缩放内容，都要记住用户的感知。这会改善沉浸感，让用户更容易与周围的世界产生联系。视觉风格应当贯穿整个影片，保持一致性以营造沉浸感，一直变化的视觉风格容易造成观看者的视觉疲劳从而错失重点，破坏其沉浸感。

4 王楠.理性与诗意：VR严肃游戏中的环境叙事[J].当代动画，2023（4）：115-120.

（二）角色设计

传统电影中，角色有主要与次要之分，剧作学者皮埃尔·让以角色作用的差异化将其分为六类：主体、对立体、主体辅助、对立体辅助、输出体、客体，将其与传统电影中的角色类型进行整合，除主体外的其他五种角色类型都包含于次要角色中[5]。从叙事上来说，VR影像中的角色类型与传统并无异差，其中主要角色是绝对主导地位的拥有者，次要角色肩负着烘托氛围与突出主要角色的使命[6]。

在VR中创建和建立角色的一个重大区别是赋予他们存在感。你希望玩家感觉他们正在与角色共享同一空间，并且与他们扮演的、合作的或是竞争的角色有一定程度的亲密感。在《维达死神》中，第一次与达斯·维达面对面站立时，观众理解了每当有人在星战宇宙中看到维达出现时为何感到紧张和恐惧，他的体型和呼吸都在向观众讲述了他作为堕落绝地武士的强大以及他背后的残酷历史。基于VR动画的特性，沉浸式的体验能够给观众较强的代入感，角色的造型特征能够同观众产生情感的共鸣，所以，角色的造型通过VR动画表现得淋漓尽致，角色造型完善了VR动画剧情的连贯性，VR动画也通过对角色造型的展现表现出更加丰满的角色内在特征。

角色的性格塑造中动作表现是必不可少的，不同的动作也会对角色的性格表现出不同的内涵，角色的动作表现能够揭示角色的心理状态，角色的心理变化通过角色动作的外化表现出来才能够被观众了解，动作的细微表现往往能够比大幅度的动作更能表现出角色的内心世界。对于观众来说，夸张的动作幅度往往只能够把注意力吸引到剧情事件当中去，容易忽略角色的内心变化。如果在动画中近景或特写镜头下，角色的细微动作就能够让观众把注意力集中在角色的面部表情上，从而感受角色更多的心理状态，具有更强的感染力。而大幅度的动作设计更加适合来塑造角色的性格。

和VR场景的设计一样，在VR环境中，观众的视线和所关注的实物不再完全被导演把控，试想在一个描绘激烈战场的VR影像中，大多数的虚拟角色都在拼搏战斗，然而在某一个不起眼的角落中却出现了一个坐在地上，面无表情好似在发呆的角色，当观众注意到他的那一刻，好不容易营造起来的紧张氛围将瞬间消散，因此对于在场的每一个虚拟角色，导演都应当使其发挥作用，因为不知道观众什么时候会去注意到他。较好的方法是让每一个角色都有事可做，共同为故事的演出作出贡献，在他们的身上埋下可供玩家发现的故事线索。

对于角色的设计也同样可以参考场景设计的要点，需要注重角色的规模、视觉风格，对于观众能够轻易接近的角色，赋予其足够生动且细腻的表情和身体动画，在VR的高度沉浸感特性下，观众会觉得这些虚拟角色是一个真实的伙伴从而更加投入影片内容之中。

5　鲁璐，张峰玮.虚拟现实语境下电影镜头的解构研究[J].浙江艺术职业学院学报，2017，15（2）：81-84.

6　施畅.虚拟现实崛起：时光机，抑或致幻剂[J].现代传播（中国传媒大学学报），2016，38（6）：95-99.

二、虚拟场景搭建实践

使用UE5进行三维VR内容的制作流程大致上遵循一般三维内容的制作思路，需要注意的是创作者在搭建场景、人物和制作具体效果时要遵循VR设计的理念。在完成大部分内容的制作后，创作者需要再对内容进行VR体验的调试，像启用VR相关插件、绑定VR设备的操作方式、玩家的视角等，最后就可以将所制作的内容封包成能够在VR设备中进行游玩体验的格式。以下对使用UE5制作的过程中主要的大环节进行简要的介绍，旨在让创作者理解UE5能够实现的功能以及大致的制作流程，不讨论模型、材质制作等细节内容。

（一）VR项目的建立

内容创作的最开始，创作者需要建立一个全新的UE项目文件，可以将其看作是一个全新舞台的建立，之后的所有操作内容都将保存在这一个项目文件中。对于VR内容的创作，建议直接使用官方设定的VR项目模板，系统会帮助我们对VR内容进行一个适配，启动需要的插件，有助于后续内容的制作和发布。

（二）素材的搜集

对于初次接触三维制作的创作者来说，三维资产的制作是颇具挑战性的，因此建议先搜寻网上由他人制作分享的现有资产进行使用。Epic Game也拥有自己的数字商城，里面囊括了从场景到角色各种不同类型的数字资产，可以直接购买并使用在UE5中，也可以从同样有官方支持的Quixel素材库中找到高质量的素材。除了官方商城外，也可以从不同的渠道获取数字资产，根据资产的格式（常见的为fbx、obj等）玩家也可以很轻松地将内容导入引擎中进行使用。

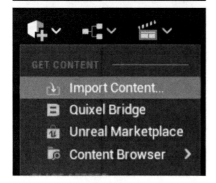

（三）素材的导入

UE5支持两种方式的素材导入方式（图6-6）。

对于直接在商城获得的资产，创作者可以直接在启动器中的仓库栏里直接将资产添入创建好的项目，以这种方式导入的数字资产在使用的过程中出错的几率较低。

创作者也可以在进入UE5编辑器后，从编辑器内部导入数字资产。根据经验，这也是大多数情况下会使用的导入方式，唯一需要注意的是导入的过程中，需要根据资产的属性以及使用需要进行一定的设置。

图6-6　从UE5启动器中添加素材（上），从UE5编辑器中添加素材（下）

资料来源：UE5操作界面截图。

（四）搭建场景

拥有所需的素材后，创作者们就可以开始发挥自己的创意进行设计了。在UE5中，创作者可以很轻松地将所需要的虚拟资产拖入场景中，决定其所在的位置，调整其角度、大小；创作者也可以很轻松地在场景中添加球形、方块等基础模型，根据需要，也可以使用引擎中自带的建模功能对资产进行简单的形状调整，也可以替换其材质（图6-7）。

图6-7 在场景中添加和移动物体
资料来源：UE5操作界面截图。

（五）添加灯光

不管是哪种类型的影像，灯光都是十分重要的角色。在UE5中，创作者可以添加各种类型的光源（点光源、平面光、射灯、天光等），得益于UE5强大的实时光照系统，这些灯光不需要太多的设置就可以呈现和现实世界一致的灯光效果，创作者可以轻松地调节光的颜色、角度、强度等属性，快速给场景添加质感和氛围（图6-8）。对于VR内容来说，灯光在体验者的体验过程中也起到十分重要的引导作用，所以请好好设计场景内的灯光吧！

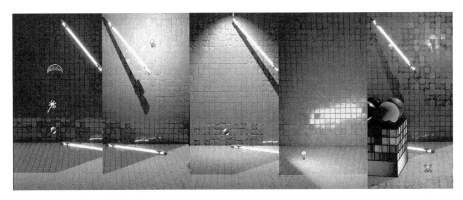

图6-8 UE5提供多种类型的光源
资料来源：UE5操作界面截图。

图6-9　UE5中的动画序列功能
资料来源：UE5操作界面截图。

（六）动画序列

UE5拥有让创作者在场景中制作动画的功能（图6-9），使用动画序列，创作者可以决定特定的角色或道具在整个表演过程中的运动。制作动画并不是一个容易的事情，然而好的动画效果，尤其在VR这种高度沉浸的观看环境中，能够让观者更加投入影像内容中。除了自己设计制作，创作者也可以寻找现有的动画资产，如人物的动画放入动画序列的时间线中使用。

（七）交互

制作交互功能是游戏引擎理所应当具备的功能，其也赋予了创作内容更高的可玩性，能够让观者更加沉浸于制作的影像内容中。不过交互功能的实现也并非容易，需要一定的计算机代码逻辑来实现设想的交互效果。UE的蓝图功能简化了创作者制作交互功能的难度，通过连接直观、易于理解的蓝图节点就可以实现和编写C++代码一样的功能，不过要实际上手理解还是需要一定的学习积累。不一定需要在的VR内容中放置复杂的交互功能，UE的VR项目模板自带了基础的移动和抓握功能（图6-10）。

（八）导出发布

创作者将所有内容都制作、编排好后，就可以开始最后的封包导出工作。由于市面上存在不同规格的VR设备和平台，创作者需要对项目进行设置使其能够适配尽可能多的设备，吸引更多体验者前来体验。如果作品中具备交互功能，注意是否针对不同类型的VR手柄做了方便体验者操作的按键匹配，创作者应当在创作的过程中时不时亲自使用VR设备进行体验，确保自己创作的内容易于理解和体验。在发布最终版本前，创作者也可以制作小体量的Demo请体验者进行试体验，并根据体验者的反馈进行迭代修改。

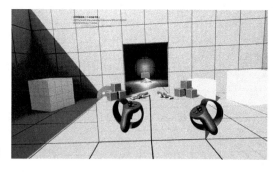

图6-10　VR环境中的手柄可以和物体交互
资料来源：UE5操作界面截图。

除了使用UE5进行三维VR内容的制作，创作者也可以使用更为简易上手的Twinmotion进行创作。Twinmotion在渲染效果上和UE5高度相似，可以达成差不多的视觉效果，较大的区别是其对于场景角色的可定制化的空间小，同时创作者无法在Twinmotion中制作交互功能，由其制作出的三维VR影像内容是纯粹的、不带交互的影像体验。

三、虚拟角色的创造

VR环境下的虚拟角色，某些情况下作为观者本身在虚拟环境中的数字分身，大多数情况下是环境中的演员，推动故事情节的发展，在VR这一高度沉浸的空间中，虚拟角色常常需要直面观者，因此对于设计和制作质量将直接影像观者的观看体验，制作精良的虚拟角色能够让观者更加沉浸于其中的互动。通常来说，虚拟角色在风格上可以分为两类：一类是追求风格化的处理，如常见的卡通角色；另一类则是追求高度写实的数字虚拟人，旨在让观者真假难分，在VR环境下将其看成真实人类。对于卡通角色，创作者可以按照常规导入素材的方式，将在三维软件中制作好或是现有的角色资产直接导入UE5中（如前所述），随后在UE中对其进行骨骼的绑定，最后设置其动画资产或直接将其放于动画序列中。

另一类追求真实效果的虚拟角色，我们可以使用Epic官方的metahuman功能来实现。在UE中，创作者可以通过Quixel导入官方创建的多样的高保真数字人，也可以进到metahuman creator中对其进行一定程度外观上的调整（图6-11）。

除了使用官方的虚拟人，通过前述介绍的三维扫描软件Reality Capture（或同类型的工具），我们可以对现实生活中的对象进行数字化还原（图6-12）。

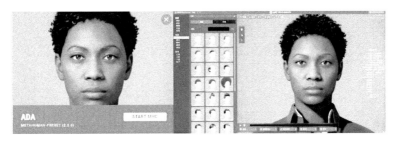

图6-11　在MHC中定制数字人
资料来源：Metahuman Creator操作界面截图。

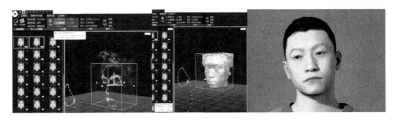

图6-12　通过RC生成虚拟数字人
资料来源：Reality Capture操作界面截图及UE中的数字人效果图。

第三节　虚拟现实影像叙事和交互功能的实现

一直以来，互动性质的VR影像是否等同于游戏，是个争论不休的话题，但在影像发展过程中，无论是何种技术背景下的影像形态，讲故事永远是第一要务，这与"玩"游戏的追求体验性存在本质区别。因而，将故事表达清晰与流畅，是VR影像的立命之本，所有的互动设置亦是为了增强观者对故事的沉浸感，过多地要求观者付诸思考与行动的互动，会促使观者的意识前行至现实环境，进而打断故事进程。同时，互动的设置，尤其是分支的设计与后续时间线的发展，需要符合观者的一般逻辑与预期，具有一定的因果关系，从而给观者带来互动的正面反馈。

目前产学界对于VR中的交互还没有一个统一的定义，但也有一些线索可循。根据鲁思·艾莱特（Ruth Aylett）的研究，观众在可交互叙事内容中的交互强度大致可分为4个层级（表6-2），在该体系中，大部分预渲染VR影片的交互层级属于第二类，即观众作为旁观者，通过预设位置观看影片，能够自主选择观看视角，但无法与影片场景产生交互进而影响叙事内容，如谷歌公司制片、发布于Spotlight Stories应用平台的大部分作品，包括由帕特里克·奥斯本（Patrick Osborne）执导的《珍珠》（*Pearl*，2017）、由Nexus Studios制作的《重返月球》（*Back to The Moon*，2018）等[7]。

表6-2　可交互叙事内容中交互强度的4个层级

层级	交互强度	举例说明
1	观众无法参与交互	传统观众
2	观众无法影响叙事内容	戏剧作品
3	观众有交互按键	多分支线的故事
4	观众交互行为完全自由	实况角色扮演游戏

根据这4个层级，我们可以将三维交互VR中的交互性根据技术和叙事两个层面做一个初步的二分法：浅层交互和深度交互，我们也将在接下来的内容中讨论这两种不同程度的交互模式在三维VR影像内容创作上的体验和设计要点。

一、浅交互体验和设计要点

在VR环境中，观众的交互方式较为单一且复杂程度也不高，如UI菜单上的播放、暂停、返回，玩家和环境中角色四目相对从而触发对话，场景道具的简单互动如碰倒

7　黄石.传统电影语言在VR电影中的新运用[J].当代电影，2019（10）：136-140.

一个花瓶，这些从技术层面来说就属于浅层交互的范畴，因为观众在进行这些行为时过于简单，并不需要高度专注于行为的发生上，因此通常不会产生太深的沉浸感。如在VR短片The Blu中，观众可以控制受众的手电筒照亮环境，然而并不会对环境中的其他角色，如海洋中的一只螃蟹造成影响，螃蟹并不会因为观众使用手电筒照它而冲向观众。

从叙事层面上来看，浅层交互的VR影像作品同样不会允许观众过多地介入从而影响故事情节的发展，观众能做到的最多就是触发某一个设定好的情节。在整个观看的过程中，观众始终处于"观者"的位置，而不是故事发展的重要推动者。在VR影片The Enemy中，观众可以在一个展馆中走向任意一名对象，听其讲述某一段故事，然而故事的发展早已由导演决定好，观众所做的仅仅是触发其讲述。

在进行浅交互的三维VR影像创作时，虽然导演刻意将观众排除在了叙事的主要进程之外，然而因为VR本身的沉浸感，观众依然会深刻感觉自己是叙事中的一部分，因此导演应适当赋予其能力，在不影响故事发展的同时，让VR环境因为观者的在场而发生些许不同，如The Blu中观众通过照亮黑暗的海底环境，一方面感受到了自己的在场，一方面获得了更多场景信息，对于整个影像内容有了更全面的了解，同时观众的行为并不影响整个故事和表演的发生。

浅交互的模式适合应用在观摩性或是基于精彩故事主线的VR交互内容中，在这一模式下，观众不会因为将注意力过多放在交互上而分心，而是专注于导演设计好的内容安排，也因此如果导演在内容的设计上不够精彩，会造成观众因兴趣缺失感到乏味。

二、深度交互体验和设计要点

在深层交互体验上，导演能够做的就比浅层交互丰富了许多。

从技术层面来看，深层交互在交互功能的实现上更加复杂，因为可能对VR中的环境和角色产生影响，使其行为和状态发生变化。同时观众执行交互所需的操作也更加细腻和复杂，比如在Valve开发的VR游戏Alyx中，玩家若要给手枪换弹，需要先使用右手柄上的按钮使空的弹夹从枪中滑出，同时使用左手柄控制左手捡起附近补充的弹夹，接着小心地将左手的弹夹送进右手的枪械中，这样的操作方式还原了现实中给手枪换弹的行为，需要玩家集中注意力于操作上，形成高度的沉浸感和成就感（图6-13）。

从叙事层面来看，深层交互允许玩家对剧情内容产生影响，甚至决定故事的结局。在VR游戏Skyrim VR中，玩家可以和城镇中各样的NPC交谈互动，接取任务，若玩家希望，他可以选择直接杀害NPC抢夺奖励，但这可能导致另一名NPC对玩家产生敌意，影响故事剧情发展。在游戏的最开始，玩家便需要在巨龙袭击后选择跟随帝国或是雪漫两个敌对阵营，而这也将影响后续的故事发展，并在最终的结局中产生巨大影响。

图6-13　在VR游戏 *Alyx* 中进行换弹操作

资料来源: https://youtu.be/ZX-03yBcm3k?si=tblNpRlV4na6Xy1K.

对于VR中的深层交互类型，可以参考现有学者对于VR游戏中的交互类型分类[8]（表6-3）。

表6-3　VR游戏中的交互类型分类

移动交互	对象交互	FPS 战斗交互	RPG 战斗交互
移动和转身	抓取	瞄准	挥舞武器和能力
跑步和冲刺	身体槽位	开火、受击、死亡	暂停
传送	存储和取出	装弹	防御
跳跃和蹲伏	物品栏：选择和切换	投掷手雷	射箭
滑行和滑翔		地图和信号	施法
攀爬			消耗和恢复
特殊情况			

深层交互模式的VR作品，在交互层面上能够给体验者带来极高的沉浸感，让体验者高度专注于他接下来需要进行的操作。通常具备深层交互属性的VR作品，我们可以将其归类在VR游戏之中，因为体验者比起"观赏"其中的内容情节，更多的是直接游玩其中，并对其中的环境、角色、故事内容发展产生影响。

若希望作品能够带给体验者极度的沉浸感，或是希望通过让体验者面临选择，并

8　JING K. Simulation and efficiency: interaction design analysis of virtual reality games[D]. California: University of California Irvine, 2021.

根据选择带来的结果而获得某些认知成长，在VR内容中加入深层交互元素或许是个不错的选择。注意所设计的交互如何被体验者所执行，可能对环境、角色、故事带来何种影响，一旦体验者知晓他的行为将确实产生某种后果，他将更加小心是否采取相对应的行为，从而沉浸于创造的虚拟环境中。

三、虚拟现实交互影像作品的实践应用领域

除了前述内容，VR交互影像作品也被更加广泛地应用在不同领域之中。

艺术性拓展方面，诞生了许多艺术性的VR影片。*The Night Cafe* 营造了一个印象派风格的沉浸式虚拟现实环境，让体验者可以亲手探索文森特·梵高（Vincent van Gogh）的世界，花一点时间去三维空间中欣赏他标志性的向日葵，或围绕他在卧室里画的椅子走动，体验者能够不同于现实画作的另一个角度进行观察，直接踏入梵高他那鲜艳的调色板中（图6-14）。这种将传统平面画作转化成三维空间给体验者带来了别样的体验感，是对经典画作的一种重新诠释。

与之类似的艺术作品还有动画水彩VR作品 *Dear Angelica*，在由导演Quill创作的超现实的水彩世界体验中，画作好似流水般向体验者倾泻而来，随着背景音乐的响起故事脉络缓缓展开：女主在梦幻般的记忆中，回忆童年追忆母亲……与传统电影相比，强烈的沉浸感带来身临其境的感官冲击，也更为有效地传达了母女间的深情，尤其在情节发展到母女身处宇宙深处，女儿看着母亲像断线风筝般慢慢飘离的无助感，感人至深。相比于 *The Night Cafe*，*Dear Angelica* 除了创作了一个水彩风格的超现实三维空间，同时使用配乐和人物旁白共同讲述了一段深入人心的故事，体现了VR强大的叙事功能（图6-15）。

除了绘画，有的创作者将舞蹈元素也融入VR体验中。*Firebird: La Peri*，结合了艺术风格化设计和人体动作捕捉技术，在绚丽的三维虚拟环境中，一名如凤凰般发光的

图6-14　VR作品 *The Night Cafe*
资料来源：https://www.youtube.com/watch?v=jBOL5yakREA.

图6-15　*Dear Angelica* 以水彩风格的世界讲述了一段母女间的故事
资料来源：https://www.youtube.com/watch?v=7OTrarOSB5E&t=193s.

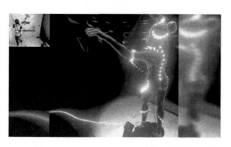

图6-16 *Firebird: La Peri*中，舞者在体验者面前起舞
资料来源：https://youtu.be/CjlRzPZzLdo?si=Ng7Pgl2qvpbsn2As.

女子在体验者面前舞动着身躯，邀请体验者与她一同共舞，其故事性和视觉特效让人仿佛亲临一个迪士尼童话故事的世界。体验者除了能够欣赏优美的特效舞蹈，在作品中也感受到丰富的交互元素，像是在故事的某一段落，体验者需要对跳舞的女子施以援手，帮助其完成舞蹈（图6-16）。

除了像*Firebird: La Peri*多样性的结合使用VR的画面、声音、交互制造体验者多感官的体验，也有作品着重在单一感官的体验上。*Notes on Blindness*基于约翰·赫尔的同名纪录片，讲述了作者失明后的体验，通过声音和触觉，这个作品探索了非视觉的感知世界，为用户提供了一个独特的沉浸式体验。在这个作品中，相比于使用VR提供玩家丰富的视觉体验，导演刻意营造了一个黑暗的，仿若超声波图般的三维视界，限制了体验者的视野，驱使体验者需要如同盲人般更多地依赖耳朵捕捉环境中的听觉元素拼凑周围环境，体验者可以听到公园中人们的交谈声、慢跑者的脚步声、孩子嬉闹的声音、树上的鸟叫、高架上疾驶而过的汽车……

因为VR带来高度沉浸感和真实感的特性，其在心理疗愈领域的应用也越来越广泛，其中一个应用方向即是虚拟现实暴露疗法的应用。虚拟现实暴露疗法（virtual reality exposure therapy，VRET）是将VR的科技和在传统暴露医疗方法中实景显示结合后所产生的一个全新的干预方式，融合了实时的电脑图形学、人体感觉传感，以及视觉图像科技，能够让人拟真地、沉浸地以及有交互作用地进入虚拟环境接受治疗[9]。斯坦福大学医学系（Department of Medicine, Stanford University）便利用拟现实暴露疗法来治疗患者各式各样的恐惧症，如对于蜘蛛的恐惧、恐高症、深海恐惧症等。这种虚拟现实暴露疗法得益于VR的高度沉浸性和交互性，比起一般的想象暴露（Imaginary exposure）更容易诱发病患的恐惧心理，从而更加有效地进行治疗措施，比起现实暴露也更能保证病患自身的安全性。

使用VR进行冥想是VR在心理疗愈中的另一种应用，有学者研究显示，简短的VR正念冥想能够用于缓解疲劳，起到放松、让人感到平静，以及治疗各种心理疾病的作用，其中最关键的作用是正念冥想音频以及VR提供的自然环境，并且比起一般的正念冥想，VR正念冥想可以显著提高状态正念和知觉恢复[10]。由VIVE制作的VR冥想类应用*TRIPP*便于用VR的强大功能（图6-17），使用精美的图像，声音频率和正念元素来帮

9　贲玥莹.以心理疗愈为导向的虚拟空间设计研究及实践[D].马鞍山：安徽工业大学，2021.
10　陈隽用.简短的VR正念冥想训练对缓解身心疲劳的影响研究[D].杭州：浙江理工大学，2023.

图6-17　冥想类VR作品 *TRIPP*
资料来源：https://www.youtube.com/watch?v=hPSnMigs8NM.

图6-18　使用VR技术改善牛奶产量登上了莫斯科的新闻
资料来源：LEAH A. Russian dairy farmers gave cows VR goggles with hopes they would be happier and make better milk [EB/OL]. [2019-11-27]. https://www.cnn.com/2019/11/27/us/virtual-reality-russian-dairy-farm-cows-trnd/index.html.

助体验者镇定和专注，里面提供广泛的沉浸式体验内容，如万花筒般的奇异空间和广阔的草原让体验者在视听觉上得到沉浸放松，某些内容中也会有UI引导体验者跟随指示调整呼吸以达到冥想放松的效果。

　　有趣的是，VR不仅被应用于对人的心理疗愈中，也被应用在动物身上。根据莫斯科农业与粮食部门2019年的一项研究显示，当地的一些农场主会利用VR头戴设备让牛体验虚拟夏季，以减轻乳牛的焦虑从而增加牛奶产量，提高了"牛群的整体情绪"（图6-18）。

　　如同游戏被广泛应用于教育和训练中，同样具备沉浸性和交互性的VR技术也被应用在各式教育和训练中。对于VR如何提升学习效果，有学者便结合VR的"3I"属性提出了虚拟现实情景认知模型，探讨VR技术在教育应用的潜力，认为通过VR能够激发学生的学习动机，实现情境学习促进知识迁移[11]。近几年，极力搭建元宇宙的Meta公司推出了多样的VR学习应用，让体验者能够在面前展开整个银河系学习天文学相关的专业知识，也能让人穿梭到罗马帝国时期学习罗马建筑的发展历程，这些教育内容和传统书本上的文字不同，是将各种知识直观地呈现在学习者面前，学生甚至可以与之交互。

11　刘德建，刘晓琳，张琰，等.虚拟现实技术教育应用的潜力、进展与挑战[J].开放教育研究，2016，2（4）：25-31.

VR技术在各领域的应用不仅说明其作为一个媒介，本身带有高度沉浸感的特点能够很好地契合不同领域的需求，同时也说明随着计算机技术以及硬件的不断发展和普及，制作三维VR内容正在变得越来越容易，如今课堂上学生们已经可以利用手边的设备和网络上丰富的资源进行独立的三维VR内容创作，接下来以一名学生使用Twinmotion制作的三维VR短片 *Home* 为例，探讨学生如何通过自身实践发挥VR影像的特点以及学生创作上存在的不足之处。

Home 营造了一个宇宙空间和未来的废土世界，故事以一名未来的智能机器人搭乘飞船，在宇宙中寻找"生命"为叙事主线，飞船因遭宇宙残骸撞击坠毁在已经被人类抛弃多年成为废土的地球后，它最终在这里找到了生命复苏的痕迹。学生在这部影片中搭建了三个主要场景：一名火箭发射场旁的科研人员小屋、有着巨星太空装置和飞船穿梭其中的星外空间（后面随剧情过渡到地球附近的太空环境）、已成废土的地球。

在第一幕的科研人员小木屋中，学生通过在环境中放置电视播放火箭升空的新闻画面、屋中散落的书籍和维修到一半的机器人，同时以配音制作人物电话中的交谈以及第一幕的小高潮——远处火箭群的升空，来提供故事线索和交代人物背景（图6-19）。

第二幕，学生将观者的视角放置于在宇宙中飞行的飞船中，这是一个讨巧的设计，飞船模型限制了体验者后方的视野，闭合了体验者的间接聚焦区，驱使其更多地关注前方和左右两侧，同时学生也在飞船的行经路线上放置了一个逐渐迫近且发着光的传送门，进一步吸引观众的视线注意力（图6-20）。

图6-19 学生三维VR作品 *Home* 的科研人员小木屋场景（360°全景展开图）

图6-20 观众的后方视野被飞船本身所遮蔽（左），飞船前方逐渐迫近的传送门（右）

图6-21 飞船内的灯光变化

　　第二幕后半程，观众所处的飞船来到了地球附近空无的太空中，整个场景仅仅由飞船、宇宙残骸群和一个地球图片的HDRI背景组成。场景中的元素并不多，因此容易让观众感到乏味，好在观众的视点依旧被放置于飞船内，视野的受限使得整个场景的空洞感得到了一定程度的减轻。学生也在这个桥段中改变飞船内的灯光颜色并制作警报、撞击的声效，通过灯光和声效吸引观众注意力的同时营造飞船受撞击后即将坠毁的紧张感（图6-21）。

　　第三幕场景是来到末世后的地球，观众也脱离了飞船的内部空间，视野空间得到了解放，由此带来的弊端也开始凸显。学生搭建的末世环境太过单调，主要由零星的废弃建筑群组成，当观众的视野范围扩大时，创作者势必要提供足够多且丰富的环境信息让观众去捕获，否则观众将很快感到乏味。在这一个桥段中，若能在环境中加入沙尘雾霾的效果，一方面强化突出地球末世的设定，另一方面也讨巧地降低了观众的可视距离，就会使场景看起来不会过于空洞乏味，观众的体验感也会得到提升（图6-22）。

　　从这部学生作品中我们可以看出，使用光影、声效、物体的运动、对比（大小、颜色等）吸引观众在VR环境中的注意力，注重于叙事情节中的重点是VR创作者在创作初期很快就能领悟的手法，这些技法在传统影像中已经被成熟地使用了。然而作为VR影像创作的新手，我们可能往往会忽视观众视野的自由性，这里可以分成两种思路：其一，限制观众的视野；其二，提供足够多的场景和画面信息使其充斥整个空间，实际上通常只有将这两种思路结合起来使用，才能为观众提供一个较好的体验感。

图6-22　能够一眼到底的场景容易使人感到单薄（360°全景展开图）

　　还有一个容易被忽视的即是如何让观众代入角色，感到自己实际存在于影像空间中。与传统影像不同，观众在VR空间中拥有一个独立且自由的视点，这使得观众潜意识认为自己在这个空间中担任了某种角色（特殊情况下观众可能处于一个上帝或是监视器的视角）。在学生作品Home中，如果观众仔细观察会发现自己并不具备一个躯体，即使案例中通过配音让观众知晓了自己现在是一名智能机器人，然而当观众低头向自身看去却无所获时，不免让人感到自己只是一个视点，并不真正存在于环境之中，这种脱节感对观众的沉浸感造成破坏，较好的做法是在相机的位置下摆放一个角色模型（这个案例中就是一个机器人的身躯），并赋予其身体动画。

　　上述的问题可以总结为两点，第一点，如何提供足够且丰富的画面信息同时做好引导不让观众失去重点；第二点，如何营造观众的代入感，可以说是制作任何VR类作品时创作者需要考虑和解决的难点，根据不同的创作目的具有不同的可能性。创作者需要在实践中持续尝试和探索，随着越来越多的VR作品被创作，能够总结的经验和方法也会越来越丰富多样。

后记

　　尽管本书旨在提供一个更为全面的关于VR影像的学习体系和配套资源，但毕竟限于篇幅，不可能穷尽所有的相关内容，还是留下不少遗憾，也有一些不足。同时，随着VR影像技术的不断发展，软硬件和内容的开发在当下和未来都会持续推进，面对蓬勃变化的专业领域，书中所写无法时刻保持"与时俱进"，也存在一定的局限。在不久的将来，笔者会根据实际情况更新VR影像研究和实践内容，包括融入实时影像技术、人工智能技术、深度交互的各种知识，形成新的书稿。

　　本书的编写过程中，得到笔者所指导的几名研究生，包括陈彦百、邹来铭、陈鑫怡的鼎力相助，帮助整理完成了相关的内容，特此感谢！本书出版获得同济大学研究生院、艺术与传媒学院的支持和资助，在此表达感激之情。希望后续能持续有更好的著作出版，为该领域的教学与实践作出贡献。

赵　起

2024年3月